蒸氣烤箱
魅力料理
技術教本

Steam
Convection
Oven
Magical
Recipes

Contents

深入探究人氣餐廳
運用蒸氣烤箱製作的魅力料理
Steam
Convection
Oven
Magical
Recipes

本書的刊載內容與注意事項

● 本書中將蒸氣對流烤箱統一稱為「蒸氣烤箱」。

● 刊載的材料與做法，皆遵照各店的方法。

● 做法中的加熱時間、加熱溫度、水蒸氣量等等，皆為在各店內所使用的機器設定。

● 介紹的主廚料理中，也有不是店面固定供應的料理。此外，做法是2016年4月當下的方法。各主廚皆以日益精進為目標。

● 根據各廠牌的不同，加熱模式的稱呼亦有所差異，但在本書中，統一將水蒸氣加熱稱為「蒸氣模式」，對流烤箱加熱稱為「烤箱模式」，水蒸氣與對流烤箱兩者並用的加熱稱為「組合模式」。

● 在不適合生吃的素材的真空低溫加熱上，請充分小心留意。

● 並不是用了真空低溫調理就可以長久保存。若要保存時，請嚴格遵守確切的加熱與保存方式。

● 大匙＝15㎖，小匙＝5㎖，1杯＝200㎖。

● 做法的分量中寫為「適量」的食材，需要一邊斟酌狀況來決定味道。

● 各店的營業時間、公休日等店鋪資料，皆為2016年4月當下的資訊。

食材索引

La Biographie··· 傳記

經營者兼主廚 瀧本將博 Masahiro Takimoto

制定規則並正確遵守
是靈活運用蒸氣烤箱的條件

當瀧本主廚在歐洲進修時，蒸氣烤箱問世了。身為蒸氣烤箱先驅國家的法國，光是1間店鋪就配備有3台烤箱，而在德國，也不斷地在開發蒸氣烤箱的功能。在那樣的時代下累積學習經驗的瀧本主廚，所得出的結論便是「準確地遵守規則」這點。

「可以做到細緻調理的同時，也就表示些許的失誤便會成為致命傷。反覆製作並進行微調整，一定要做到按部就班。如此一來即使是不具備知識與技術的人，也能夠順利重現食譜上的料理，這就是蒸氣烤箱的厲害之處」

當然，學會能夠依素材個體差異來調整的技術與經驗也非常重要。

「例如像是點心，即使用蒸籠猛蒸也無所謂，那也是因為它是適合如此調理的料理。如果是以容易氧化的動物性脂肪為主體的法式料理的話，就不可以煮得太乾。法式料理原本就不是以端出熱騰騰的食物為價值的料理，所以更適合在做好之後，保存能力較長的低溫調理」

瀧本主廚從被譽為「火的魔術師」巨匠阿朗・帕薩爾（Alain Passard）身上，承繼了低溫加熱的技術。採用Tanico製的蒸氣烤箱來進行穩定加熱，但決定最適切火侯的，終究還是主廚本人。

1967年京都市出身。自1987年起，即在瑞士的飯店、法國的「Arpege」餐廳等地進行鑽研。於90年歸國之後，93年起進入京都布萊頓飯店工作。就任「Vis·a·Vis」餐廳總料理長後，擔任世界料理奧林匹克的日本代表隊隊長。2009年獲得了京都第一個米其林1星。在2011年時獨立開業。

由老民宅翻修成時髦的店鋪，內部是京都式細長而深的鰻魚被窩[※1]形。桌椅配置彷彿圍繞著中庭一般，向外望去的景觀讓人十分舒暢。餐點只有白天6500日圓、晚上15000日圓的套餐，使用京都・大原的蔬菜等自然素材，可以品味細緻而縝密的獨創風格法式料理。

※1：原文為「鰻の寝床」，指正面狹窄內部深長的建築物或場所。是京都建築常見的風格。

地址／京都府京都市中京区衣棚通御池下ル西側長浜町152
電話／075-231-1669
營業時間／12點～13點（L.O.）、18點～20點（L.O.）
公休日／星期一、二（另有不定期休業）
http://www.la-biographie.info/

■在這道菜色上也活用了蒸氣烤箱。

對含有動物性脂肪素材的低溫調理

糖煮水果

拉羅歇爾 山王店

料理長 川島 孝 Takashi Kawashima

追求料理的新口感，
更加深入地探究運用組合模式的調理方式

川島主廚認為，由於蒸氣烤箱可以用1℃為單位進行調整，在能夠配合素材設定恰當溫度的這點上展現了它的威力。例如白肉魚就用54℃平穩加熱；蝦子則以74℃加熱出良好的口感；雞蛋也可以憑藉著溫度設定，而不會有經驗差異的影響，加熱出穩定的成品來。並且，還不必像用鍋子調理時，片刻不離的守在一旁。只要放進蒸氣烤箱後就可以著手進行其他作業。這一點成為了營業中的珍貴寶物。使用的是Unox的蒸氣烤箱。

就連在甜點上，也同樣活用著蒸氣烤箱。像是杏、桃這類的纖細果實，非常適合用蒸氣烤箱來加熱，同店的糕點主廚有働惠莉子小姐如此說道。搭配上真空包裝，可以只用少量的糖漿就讓味道滲透進去，而且還能保持新鮮，也留住了水果清爽的口感，可以做出只有蒸氣烤箱才辦得到的加熱。而在巧克力蛋糕類上，則像是有著濕潤感，活用在新魅力的創造上。

川島主廚思索著，未來要更頻繁去活用結合了烤箱與蒸氣的組合模式。例如直接沾有普羅旺斯麵包粉的烤牛肉。這不就能用組合模式來實現保有多汁口感的同時，仍可呈現出一體感的嶄新口感了嗎？他就像這樣重複在進行著研究。

1967年誕生於群馬縣。自群馬調理師專門學校畢業之後，於89年作為開店員工進入『拉羅歇爾』澀谷店工作。在99年『拉羅歇爾南青山店』開幕的同時，就任了副料理長。之後歷經在法國的進修，歸國後，在2010年任職『拉羅歇爾山王店』的料理長。

作為法國鐵人而聞名的紳士·坂井宏行所經營的餐廳。位在飯店內部，擁有被一片綠茵環繞的平台。晚餐套餐有9000日圓、13000日圓。午餐則是3000日圓～。提供讓幸福轉變為記憶的無上幸福美味與頂級的款待。

地址／東京都千代田区永田町2-10-3 東急キャピトルタワー1F
電話／03-3500-1031
營業時間／午餐11點30分～15點（L.O.14點）、晚餐18點～23點
（L.O.21點）
公休日／星期一以及第一個星期二
http://la-rochelle.co.jp/

■ 在這道菜色上也活用了蒸氣烤箱。

平穩加熱白肉魚

烤牛肉的烹調

杏等纖細水果的烹調

gri-gri 幸運符※2

經營者兼主廚 伊藤 憲 Ken Ito

※2：Gri gri的意思是開運小物（像是法國的馬蹄鐵、四葉幸運草）或護身符。

以精確的溫度、濕度設定
接近沒有盡頭的理想

伊藤主廚愛用的是德國Rational的蒸氣烤箱，首先是由於設定溫度、濕度不會有偏差，在使用的稱手上感到非常滿意。蒸氣烤箱調理的最大魅力，就在於可以做到精確的溫度設定。只要在一開始設定好，上自以1℃為單位的加熱、下至發酵作業，都可以確實地處理，因此得以實現想要的味道與質感。此外，就只要留下數據，不管幾次都能重現的這點來說，對只靠1個人來進行調理的伊藤主廚來說非常可靠。

接著，因為它也是很早就引進了濕度設定的廠牌，濕度調節功能也很讓人信賴。伊藤主廚除了用於讓食材乾燥、製作脆片等這類以脫水為目的的調理之外，也如同本次所介紹的，將濕度設定為0%，活用在穩定烤箱內的環境上。極力排除因溼度變化而導致的溫度不穩定、濕度變化給食材帶來的影響，始終以沒有偏差、更加接近理想的成品為目標。

現在的機種上有著USB插孔，只要下載數據，隨時都可以更新功能。伊藤主廚一邊述說著還有許多沒有完美掌握的功能，同時，也不停止對蒸氣烤箱無限擴展功能無止盡地探究。

1967年愛知縣出身。2003年遠赴法國，曾在隆河地區的「PIC」餐廳、西班牙巴斯克地區的「馬丁．貝薩拉特吉」餐廳中工作。2008年「gri-gri」在名古屋開張後，自2012年遷移至現在的地址。活用素材，創造出刺激五感的一盤菜，高明的技術與豐富的感性為魅力所在。

午餐5000日圓（含稅），晚餐除了全權委任店家的8000日圓與13000日圓套餐料理之外，也備有13000日圓的組合式菜單（晚餐時，稅、服務費另計）。以法國沙龍為印象的雅緻店內，提供加入了驚喜感的優質新式法式料理。

■在這道菜色上也活用了蒸氣烤箱。

使用蒸氣模式的魚類料理

使用組合模式的烤豬肉塊

製作西式甜點、麵包

地址／東京都港区元麻布3-10-2 VENTVERT 2階
電話／03-6434-9015
營業時間／12點～15點（L.O.13點30分）、18點30分～24點30分（L.O.21點30分）
公休日／星期一；星期二、三、四白天
http://www.gri-gri.net/

Agnel d'or [*3]

經營者兼主廚 **藤田晃成** Akinari Fujita

※3：Agnel d'or為13～15世紀時，法國所發行的金幣名稱。

烹調幾乎都靠蒸氣烤箱。
有效率地調理體積龐大的素材

法國料理界的新經典，美食小館[*4]。也就是以平價餐館的價格，供應與高級餐廳同等精心準備的料理，是種休閒的經營型態。「Agnel d'or」便是以這種將古典法式料理脫胎換骨後的現代法式料理，來體現美食小館的精神。由於連細節都非常用心，因此蒸氣烤箱是不可缺少的機器。溫度調節簡單且效率良好是自不用說，「與鍋具不同的是它不會沾黏，優秀的成品率也是它的魅力」，藤田主廚如此說道。由於一盤菜就有許多構成要素，在營業時的運作上，會同時使用到恆溫水槽[*5]和隔水加熱，但在最後成品的階段，幾乎所有的加熱工作都是用Tanico製的蒸氣烤箱來進行。

「只要定好溫度設定，比起手工作業有著壓倒性的簡單且迅速。只不過，目前使用的機種沒辦法調節風量，所以總有一天要改用有更高機能的烤箱」

藤田主廚的喜好，是把同一種素材弄成各種不同的料理等等，做出有主題的一盤菜。例如像是鵪鶉，就會把腿和胸做成不同的料理組合裝盤。由於既複雜且手續又多，藉由蒸氣烤箱來提升作業效率是不可欠缺的。以「巴黎料理人」的眼光來看世界的藤田主廚，對他來說，蒸氣烤箱是重要的夥伴。

※4：原文為bistronomie，由bistrot（平價小餐館）和 gastronomie（講究的料理）兩詞組合而成。
※5：Water Bath，或稱水浴器、水浴槽。

1981年大阪市出身。曾有過因憧憬餐廳「Tetsuya's」而前往澳洲，卻因為沒有徵人而只能打消念頭的經驗。在神戶的「Espace tranquille（現在的Anonyme）」餐廳修業2年半。之後遠赴法國，在諾曼地、巴斯克、里昂合計待了4年半的時間，學習鄉土和餐廳料理。2013年歸國後，於8月時開設了自己的店面。

在12個座位的小型店內，配置有連接著客座的中島式廚房的獨特風格。不鋪設桌巾也沒有多餘裝飾的內部裝潢，如今讓人感受到全球化的品味。另一方面，料理則是徹底承襲了古典的新式法式料理。僅有每月替換的6800日圓單一套餐。

地址／大阪府大阪市西區西本町2-4-4 阿波座住宅三栄ビル1F
電話／06-4981-1974
營業時間／12點～13點30分（L.O.）、18點～20點（L.O.）
公休日／星期一

■在這道菜色上也活用了蒸氣烤箱。

幾乎所有的烹調都以蒸氣烤箱進行

Restaurant C'est bien※6

經營者兼主廚 清水崇充 Takamitsu Shimizu

※6：C'est bien是不錯、很棒的意思。

1977年誕生於東京都。看著身為主廚的父親背影長大，自1998年起，在三笠會館進修了5年的時間。2004年成為父親經營的C'est bien的第二代，擔任起經營者兼主廚的身分直至現在。纖細的裝盤點綴也非常美觀，被譽為味道正宗的法式美食名人，獲得了很高的評價。

一邊利用關店後的時間，一邊建構出「現代風的口感」

相對於煮、烤這一類調理，蒸氣烤箱可以做到加熱溫度與加熱時的溼度這兩者的調節。藉此，食材用幾度C加熱口感會變得如何？進一步調節濕度的話又會變成哪種口感？能夠來挑戰這些，讓清水主廚感到很有魅力。雖然也有只用蒸氣烤箱製作的料理，但主廚認為，用蒸氣烤箱加熱之後，在最後階段再將它烤過或煮過，加入某種程度烹調的調節，就可以表現出更加細緻、現代風的料理，而今後也想要對此來做挑戰。

店面是以父親創業的西餐廳為出發點，菜色種類相當的多，現在既有西餐菜色也有法國料理。店裡有31個座位，由於只有自己與父親2人在進行調理，為了要能迅速供應，在備料的部分積極地活用著蒸氣烤箱。54頁的「油封牛頰肉」，就是利用關店後的時間，用蒸氣烤箱來低溫調理。56頁的「香煎竹節蝦※7」，則是做成真空包之後再來加熱，備料到完成的前一個階段。為此，在後院設置了急速冷卻機，並在調理場內設置了恆溫水槽。

現在也運用蒸氣烤箱來進行麵包的1次發酵。之後除了麵包之外，也要對使用蒸氣烤箱來發酵、製作的料理進行研究。

※7：中文學名為短溝對蝦，其他俗名還有黑節蝦、花蝦、豐蝦、花腳蝦、熊蝦等等，聯合國糧農組織則通稱為緣虎蝦。

有3200日圓、5500日圓的套餐，亦有單點菜色。午餐為1050日圓～。橫跨親子兩代的法式美食與王道西餐，無論哪種都能讓人盡情享用。纖細而美觀的道地料理，在當地是自不用說，也吸引了許多遠道而來的粉絲和名店主廚等。

地址／東京都豐島區南長崎5-16-8 平和ビル1階
營業時間／午餐11點30分～15點（L.O.14點）、晚餐17點30分～23點（L.O.21點30分）
公休日／星期一（遇國定假日營業，隔日公休）
http://restaurant-cestbien.com

■在這道菜色上也活用了蒸氣烤箱。

搭配用的蔬菜脆片或水果脆片
用於麵包製作的1次發酵
製作醬汁

Cucina Italiana Atelier Gastronomico DA ISHIZAKI ※8

經營者兼主廚 石崎幸雄 Yukio Ishizaki

※8：Cucina指餐廳；Atelier為畫家、雕塑家等的工作室；Gastronomico則是指美食。店名可稱為石崎義式美食工作坊。

以自己的料理形象為目標，來活用蒸氣烤箱

1963年誕生於東京。16歲時踏入料理的世界，在東京數間義大利餐廳中積累經驗，並於1990年時前往義大利。在佛羅倫斯與聖吉米尼亞諾等義大利中北部的餐廳中進修。2002年由義大利專門協會授予「義大利大師」的稱號。2015年3月，『Da Ishizaki』開幕。

　　因為藉由蒸氣烤箱可以穩定地達成微妙的口感、成品，自2015年開幕起就並用且活用著「丸善」製的蒸氣烤箱，以及「成光產業」的真空包裝機。石崎主廚認為，蒸氣烤箱的厲害之處，就在於僅僅2℃、3℃的設定不同，成品就會有所改變的這點。加熱時間也一樣，1分鐘、2分鐘的差異就會變得不一樣。不管是肉的相同部位也好，帶骨或去骨也好，都會有所變化。於是進行了好幾次的嘗試，以做出更好的成品為目標，定下了蒸氣烤箱所設定的溫度與時間。此時，作為大前提而不能忘記的，就是「想要做出怎樣的成品」這種屬於自己的料理食譜。「因為想要做出這種料理」，為此該如何來使用蒸氣烤箱。為此，主廚認為必須要明白不使用蒸氣烤箱的古典製作方式。傳統的製作方式也有它的優點。知道製作方式之後，又要如何運用蒸氣烤箱來製作，能不能使用蒸氣烤箱做出自己所想要的感覺。為了不被蒸氣烤箱所左右，並且隨心所欲的使用蒸氣烤箱，主廚認為，確實掌握自己想製作的料理形象是非常重要的事。

以度過最幸福的時間為概念，獨棟式的餐廳。講究食材、產地、調理法是再自然不過的事。透過義大利料理來感受「非日常」的氣息是石崎主廚的想法。午餐套餐為3500日圓起，晚餐套餐則是10000日圓起跳。也有其他不同的菜單。

※9：Crème Anglaise，又稱安格斯醬。

地址／東京都文京区千駄木2-33-9
電話／03-5834-2833
營業時間／11點30分～13點30分、18點～21點30分（L.O.）
公休日／星期一（遇國定假日則改為隔天）
http://www.daishizaki.com/

■在這道菜色上也活用了蒸氣烤箱。

香草醬 ※9
烤蝦夷鹿
烤鴿

cenci ※10 舊貨

料理在64頁～69頁

經營者兼主廚 坂本 健 Ken Sakamoto

※10：cenci在義大利佛羅倫斯的方言中，指變舊的東西、破布的意思。

以科學的觀點來建立假說
對溫度和風的操控感到非常有趣

像是「鮑魚、蘆筍」（P64）這類以50℃來蒸的料理，就只有電子設定能做得到，坂本主廚如此說著。從約15年前就開始使用蒸氣烤箱，為了追求效率化而使用至今，並在數年前，了解到可以靠溫度設定來創造出許多不同的變化。其中尤以「蕪菁～」（P66）這類的雞蛋料理，雞蛋的香味與軟硬度等等會隨著設定的溫度區間而改變印象，主廚認為正因為是這樣的料理，所以非常適合使用蒸氣烤箱。

另一方面，用烤箱模式製作的烤肉料理，則是「除了溫度之外再利用風力」。藉由操縱調節風門的功能，排去食材加熱後所散發的水分，就可以做到像「筍～」（P68）那樣打開風門「一邊烤一邊讓它乾燥」，或者像是調理瘦肉時，關上風門「一邊加濕一邊烤」。關上風門的話，熱量透過烤箱內蘊含的水分會變得容易傳遞，打開的話熱量則會變低，因為有這樣的特性，而使得微妙控制加熱的速度成為可能。

其他像是蔬菜的事前處理和魚類的油封等，也運用著富士瑪克、星崎電機的兩台蒸氣烤箱。而最需要留意的，是「不要捨棄掉素材的原味」。主廚說，為此首先要了解素材，並從義式、法式、日本料理到中國料理，將各派別的烹飪技術提取、蓄積起來非常重要。以此為基礎，再以科學的觀點來制定假說，並反覆去進行研究。

1957年京都府出身。學生時代曾作為一名背包客，以歐洲為中心旅行，受到義大利料理的衝擊而投身至料理的世界。曾在「IL PAPPALARDO」餐廳內工作，2002年，在經營者兼主廚的笹島保弘帶領下成立了「IL GHIOTTONE」，並因此就任主廚一職。之後統籌廚房的大小事務，最後在2014年2月，於京都・岡崎開設了「cenci」。

改裝位於京都・岡崎的百年日本住宅。擁有開放式廚房與可以眺望庭院的37坪、26座位樓層空間。重視國產素材，偶爾採用其他料理派別的技術或素材搭配，做出高自由度的料理，白天推出口味濃淡起伏的5000日圓套餐，晚上則供應10000日圓套餐。

地址／京都府京都市左京区聖護院円頓美町44-7
電話／075-708-5307
營業時間／12點～13點（L.O.）、18點～20點（L.O.）
公休日／星期一、星期天不定期休假

■在這道菜色上也活用了蒸氣烤箱。

雞蛋料理

使用烤箱功能的肉類料理

蔬菜的事前處理

RISTORANTE i-lunga ※11

經營者兼主廚 堀江純一郎 *Junichiro Horie*

※11：i lunga是義大利文中字母J的發音，這個J既是日本（Japan）的J，也是主廚堀江純一郎（Junichiro Horie）的J。

應該先擁有用手製作的技術，再用蒸氣烤箱來添加附加價值

堀江主廚與蒸氣烤箱的相遇，是在90年代的義大利。面對這新式機械，看見了許多主廚反覆著失敗與嘗試的過程。「總之是受到了衝擊。不只是使用方式，還有如何來消化真空包裝費用之類的成本，也是很大的課題。大家都亂成了一團呢！」

雖然現在使用著丸善的蒸氣烤箱，但是面對它態度，始終還是很節制的。

「原本所有的調理都是用手來進行的。升起爐火把肉塊燒出薔薇色才是優秀的料理人。對於員工也是用手來教導他們技術唷！因為就算在營業時蒸氣烤箱壞了，也不可能請客人打道回府呢。」

堀江主廚主張，應該在此基礎上來享受成品均一化這類的優點。其中的好例子，就是皮埃蒙特州的鄉土料理「兔肉仿鮪魚」。雖然這是一道自過去以來就會在家庭中製作的料理，但使用蒸氣烤箱的話，不僅可以將它大幅簡化，因而減少油的使用量，也可以抵銷真空包裝的費用。

「如何製作料理是一種理論。只要能夠理解它的構造，就算道具改變也依然可以重現」，同時鑽研感覺與理論兩者，有效率地驅使著蒸氣烤箱。主廚的答案非常明快。

1971年東京都出身。大學畢業後，自1996年起的9年間，在義大利的托斯卡尼州、皮埃蒙特州累積進修經驗。2004年在義大利版的米其林指南中，成為第一位獲得1星的日本人。在05年歸國，07年起在東京・西麻布「Ristorante LA・GRADISCA」餐廳中擔任主廚。09年8月開設了「Ristorante i-lunga」。

位在因奈良大佛而聞名的東大寺門前地區，擁有百年以上歷史的舊武家宅邸內。這裡有著只有堀江主廚才做得出來的深度皮埃蒙特料理，也有大量使用奈良縣產的素材所製作的料理，可以享受到此處特有的義式料理。白天5400日圓～，晚上10800日圓～。

地址／奈良縣奈良市春日野町16
電話／0742-93-8300
營業時間／11點30分～15點（L.O.13點30分）、18點～22點（L.O.20點）
公休日／不定期休假
http://i-lunga.jp/

■在這道菜色上也活用了蒸氣烤箱。

配合肉、魚蛋白質的凝固溫度，設定好中心溫度來加熱

糖漬或糖煮水果

將馬鈴薯類蒸過之後，再用烤箱模式長時間加熱

erba da nakahigashi ※12

主廚 中東俊文 *Toshifumi Nakahigashi*

※12：Erba是義大利文草的意思。Nakahigashi就是中東的拼音。

誕生於1982年4月。父親是京都名店「草喰中東」的老闆。18歲時前往義大利。曾待過托斯卡尼「Arnolfo」餐廳、巴黎的「Alain Ducasse」餐廳，並在大阪瑞吉酒店擔任料理長，在2016年1月開設了「erba da nakahigashi」。以獨創且色彩豐富的料理，成為受到注目、前途無量的新進料理人。

配合素材的性質 用蒸氣烤箱來進行烹調的管理

像是鱈魚這一類的淡味魚，就用42℃的低溫蒸氣；日本花鱸則因為有土腥味所以用高溫蒸氣。不過，加熱只到蛋白質凝固、變得乾巴巴之前。像這樣對細微的加熱進行調節，再並用蒸氣與對流烤箱，可以做到均勻地加熱的這點，就是蒸氣烤箱的厲害之處，中東主廚如此認為並廣泛地活用著。蒸氣烤箱使用的是星崎電機的機種。雖然也用蒸氣烤箱來製作麵包，但用蒸氣烤箱製作出更高品質的義式麵包，依然還是一大課題。

只不過，主廚也認為，蒸氣烤箱是相當佔空間的機器，因此，若不與之相應地活用的話，就會損害經營的利益。因此，他活用了電子式的優點，在關店後的無人時間讓蒸氣烤箱繼續運作，來處理備料之類的作業。同店特色之一的義式什錦蔬菜湯所使用的乾燥蔬菜，就是利用關店後的時間，以100℃溫度的烤箱模式，用蒸氣烤箱來把切碎的蔬菜乾燥而成。這是因為想要抽取這些乾燥蔬菜的香氣，並用虹吸的方式，配上用生火腿或帕瑪森起司的外皮所熬出的清湯來調理。在父親的店『草喰中東』的座位中，有著「草然食知足※13」的掛軸。這道什錦蔬菜湯，就是以蒸氣烤箱來把這份想法具體化的特色菜餚。

※13：意思是「吃草就知足了」。
※14：七十二候是結合天文、氣象等來指導農業活動的曆法。以五日為候、三候為氣、六氣為時、四時為歲，而一年二十四節氣共有七十二候。

料理只有全權委任主廚的12000日圓套餐一種。供應約15道菜。也有6000日圓的餐配酒套餐。感受得到和風DNA的義大利料理，重視七十二候※14，可以盡情品味季節中的草——「蔬菜」，也能享受簡單且嶄新的料理與器皿的完美結合。

東京都港区西麻布4-4-16　NISHIAZABU4416　B1
電話／03-5467-0560
營業時間／　18點～入店到21點為止
公休日／星期天

■在這道菜色上也活用了蒸氣烤箱。

自家製巧巴達、佛卡夏麵包
義式什錦蔬菜湯
半熟櫻鮭

3BEBES

經營者兼主廚 **平野恭譽** Yasutaka Hirano

以及營業中的調理上都活用著蒸氣烤箱

在慢慢加熱來準備的料理

1973年誕生於奈良縣。調理師學校畢業後，在西班牙數一數二的Nueva Cocina（前衛・現代料理）名門，「Alkimia」餐廳中工作約1年後歸國。參與京都西班牙酒吧等的成立，2011年5月在大阪・福島開張了「BANDA」酒吧。並在2012年9月時，開設了姊妹店「GREENS」。於2015年3月時「3BEBES」開幕。

　　在開第三間店『3BEBES』時，引進了「Nichiwa電機」製的蒸氣烤箱。在1樓和2樓有著吧檯、日式客間、包廂式的空間、桌椅席等各式各樣的座位，以「讓小嬰兒（BEBES）也能安心在此停留」為概念，準備了相當多種類的菜色。此外，因為店裡可以應付約80名客人，所以也積極推薦顧客用來舉辦派對。作為經營者兼主廚的平野恭譽認為，可以大量調理、在備料上也表現出色的蒸氣烤箱是必不可少的。並用恆溫水槽，即使是大人數的派對客人，也能夠供應熱騰騰的美味。

　　像是製作自製火腿、秋天時把整隻秋刀魚油封起來、或是製作甜點的烤布蕾等等，在備料時的各種場合運用蒸氣烤箱是自不用說，在營業時間中，也會將它運用在以烤箱來烘烤或燜蒸的調理上。

　　就如同82頁的「雞蛋Bonbon[※15]」一樣，雞蛋會因為加熱溫度的微妙差異，而改變形狀或最後的成品狀態，如果使用蒸氣烤箱，就能做出許許多多有趣的料理。此外，像是製作魚貝類的魚漿等時候，也能夠簡單做到「再稍微凝固一點」一類的微調整，這也是蒸氣烤箱優秀之處。不論是在活用蒸氣烤箱的季節料理，或是使用當地及附近的山產、海產料理上，都積極地著手嘗試。

※15：Bonbon為法文糖果之意。

由民宅改造成的店內，有著可供3世代同堂享樂的充裕座位。就算帶著小嬰兒（BEBES）前來，也能夠享樂的西班牙酒吧。附近還有姊妹店『西班牙酒吧BANDA』與『Bio Bar GREENS』。

大阪府大阪市福島区福島2-9-4
電話／06-7652-3664
營業時間／15點～24點
公休日／星期三
http://www.cpc-inc.jp/

■在這道菜色上也活用了蒸氣烤箱。

生的豬肉香腸
章魚魚漿
烤整枝千壽蔥

ZURRIOLA ※16

主廚 本多誠一 Seiichi Honda

※16：Zurriola是西班牙聖塞巴斯提安的一處海岸的名稱（Zurriola Beach）。

準確地運用各種模式
來追求口感與味道的多樣性

「雖然不想說沒了蒸氣烤箱就沒辦法製作，但料理的範圍確實變廣了」，本多誠一主廚如此說道。長年以來，所使用的是富士瑪克製的蒸氣烤箱。本次也分別運用烤箱、蒸氣、組合模式，在既有的調理法中嘗試新的步驟，引出口感的層次以及味道的深度。

本多主廚所擅長的巴斯克地區料理，大多都有使用到魚貝類，主廚說，如果像本次一樣採用組合模式來加濕並進行加熱調理的話，水分就不易流失，而可以蒸得多汁可口，成品會變得更出色。此外，不只是魚肉，在肉的調理上也活用著相樣的功能。

就如同書中介紹的蛋白霜一樣，除了可以產生出有趣的獨特口感之外，在一次大量備料時，如果使用蒸氣烤箱就不會失敗，非常有效率。另外，本多主廚還提到，由於糕點製作的成品有80%是取決於食譜、數值、時間，而剩下的20%則是製作者的感覺，主廚認為這種會被數值所左右的糕點製作，正適合用蒸氣烤箱來調理。

「即使設定改得眼花撩亂也可以迅速應對的蒸氣烤箱，不管是備料還是營業中，都是非常強力的夥伴」，本多主廚如此說道。在巴斯克的傳統滋味與革新的味道兩方面都引入了蒸氣烤箱，挑戰讓料理的範疇變得更加寬廣。

1976年千葉縣出身。1998年遠渡法國，並在法國、瑞士等地進修之後，自2002年起，在西班牙聖塞巴斯提安的「Casa Aurora」餐廳內擔任4年的主廚。歸國後，2006年曾在日本料理「龍吟」餐廳工作、2008年則在「Sant Pau」餐廳擔任二廚，並於2011年開設了「ZURRIOLA」。2015年時搬遷至現在的地址。

午餐為4800日圓、6800日圓，晚餐則是只有13500日圓、17500日圓全權委任主廚的套餐。活用在以西班牙為首的歐洲各國中所培養出來的技術與感性，並採用了與西班牙共通的和風素材及要素等，獨創式的新式西班牙料理大受歡迎。

地址／東京都中央区銀座6-8-7 交詢ビル4階
電話／03-3289-5331
營業時間／11點30分～13點（L.O.）（星期六、日、國定假日～13點30分L.O.）、18點～21點（L.O.）
公休日／星期一
http://zurriola.jp

■在這道菜色上也活用了蒸氣烤箱。

所有的西式甜點

低溫烤帶骨羊肉

脆片、乾燥番茄等蔬菜的乾燥上

京料理 木乃婦

代表董事 高橋拓兒 Takuji Takahashi

掌握科學的依據
以至今不會有過的日本料理為目標

早在20年前就引進了蒸氣烤箱，現在在同店中，使用著Rational製、第4台的蒸氣烤箱。主要的使用方式是像「南瓜麴冰淇淋」（P94）的製作那樣，以長時間的連續運作為中心。其他還有像是「丸庵紙鍋特製魚翅與加茂茄子」（P96）這類的炊煮料理、蔬菜的事前處理、茶碗蒸一類100℃以下的蒸料理等等，在繁忙期間更是為了要消化350名客人與500份的便當，而在廚房內全力運作。

其中高橋先生所舉出來，最適合採用蒸氣烤箱的料理，則是肉類料理的加熱。當肉類的肌紅素氧化，開始帶有紅色時便是享用的時候，但若是加熱過頭的話，不僅會失去色澤，味道也會變差。而差別就只有那僅僅的3℃，高橋先生如此說道。能夠控制這3℃便是蒸氣烤箱的魅力。在使用蒸氣烤箱之際，重要的是明白科學上的根據。特別是知道因牛、豬、雞肉質的不同而相異的熔點，這是非常重要的。例如「勾芡牛肉海膽」（P98），就是從牛肉的熔點來引導出中心的溫度，考慮到肉在口中融化時口感的料理。再加上從日本料理的思維中推導出來的烤製方式，以及用炭火燒烤來產生香氣成分這類的科學式觀點。像這樣從各式各樣的角度來檢驗建立的假說，來提供至今所不曾有過的日本料理。

■在這道菜色上也活用了蒸氣烤箱。

肉類料理
100℃以下的蒸料理
煮料理

1968年京都府出身。大學畢業後，在「東京吉兆」餐廳內鑽研了5年，95年回到老家的「木乃婦」，並在2014年成為第三代主人。利用社會人特別選拔制度，自2013年起，開始在京都大學研究所的農學研究科進修碩士課程，並在2015年結業。現在則作為龍谷大學的客座研究員活躍著。以科學的觀點來俯瞰日本料理。

受到料理旅館的認可[17]，創業於昭和10年（1935年）。藉由擁有品酒師的資格，以科學的觀點來檢驗日本料理的第3代主人，提供引進了新技術、食材或素材搭配等，適合搭配葡萄酒的京料理[18]。便當5000日圓～，迷你宴席5000日圓～，宴席料理15000日圓～。

※17：原文為暖簾分け，意思是長年在該店底下工作的員工得到老闆認可，允許該員工使用同樣的商號開店，或是由本公司來援助、支持該員工創業的一種制度。暖簾指的是掛在店鋪門窗上，印有商號的布；也有店鋪商號的意思。
※18：指京都口味的烹調方式，是日本人心中地位最崇高、歷史最久遠的地方料理。

地址／京都府京都市下京区新町通仏光寺下ル岩戸山町416
電話／075-352-0001
營業時間／12點～14點30分、17點～21點30分
公休日／星期三
http://www.kinobu.co.jp

料理屋 植村

老闆 植村良輔 Ryousuke Uemura

適合素材性質的烹調 交給蒸氣烤箱來管理

在創業3年後、2010年搬遷之際，老闆・植村良輔引進了星崎電機製的蒸氣烤箱。「煎蛋和燉煮料理要片刻不離的守在鍋子前，這就是日本料理的世界。雖然也有數位作業「算不上是工作」的風潮在，但我想要看看傳統的作法與徹底執行溫度管理的數位化作業會有多大的差別」，而走到了引進蒸氣烤箱的這一步。

引進之後所感覺到的是作業性的優異。而且，還能跟「燉煮鮑魚」這道菜一樣均勻入味，讓「味道不會有稜角」（按植村先生的說法）；或是像「高湯泡短爪章魚」用低溫慢慢加熱，而讓它具有想像中的口感。只不過，老闆說偶爾還是會因為烤箱內的位置而讓加熱方向有所偏移，讓人感覺到溫度偏離了設定3～5℃，所以，也不可怠忽由師傅的眼睛和舌頭來確認，同時也必須去反覆累積研究。

使用蒸氣烤箱的目標，是「以自然的形式，引出食材的潛力」。在如何不添加壓力而活用食材的風味上煞費了苦心。舉例來說，蔬菜以蒸氣烤箱的蒸氣模式為中心來加熱，也是為了做出不流失風味、外型美觀的成品。「特別是根菜類，如果用蒸氣烤箱花點時間，就會變得黏黏糊糊地相當好吃」，植村先生如此說道。

述說著今後「想連濕度設定也進行操控，來嘗試肉類的烹調」的植村先生，正注目著最先進的蒸氣烤箱。

■在這道菜色上也活用了蒸氣烤箱。

| 燉煮根菜類 |
| 魚和肉的油封 |
| 魚卵類的烹調 |

1976年香川縣高松市出身。調理師學校畢業後，在本店位於金澤的東京「淺田屋」、神戶「西村屋」中進行鑽研。2007年30歲時順利獨當一面，開設了「料理屋 植村」。「想讓人看見所有的作業，並由製作的人來上菜」，而經營著一間只有吧檯的店面。

有著生活感、全是吧檯的11個座位，供應剛出爐的料理。除了料理的味道之外，還有創作理念的述說以及跨越吧檯之間的對談也獲得客人的支持，已經成長為一間難以預約的餐廳。提供全權委任主廚，白天9道、晚上11道的宴席套餐。套餐白天為7000日圓、晚上則是15000日圓～18000日圓。

地址／兵庫県神戸市中央区中山手通1-24-14　ペンシルビル4F
電話／078-221-0631
營業時間／12點～14點、18點～23點
公休日／不定期休
http://www.ryouriya-uemura.com

魚菜料理 繩屋

料理人 吉岡幸宣 Yukinori Yoshioka

味道、口感、服務、效率化…
由自己來擴大機器的可能性

1974年京都府京丹後市出身。高中畢業後曾經歷飯店一類工作,並在京都市的料亭[21]「室町 和久傳」中鑽研了6年。2000年回到從父親一代開始經營的外賣餐廳老家,2006年將它改裝成「魚菜料理繩屋」。採用最新的機器和技術,提供重視產地食材的料理與外送飯菜。

用蒸氣模式來萃取昆布高湯,或是用組合模式一邊加入蒸氣一邊烤鰻魚,又或者是跟「黑文字[19]冰淇淋」(P110)的霰餅[20]一樣,用烤箱模式加熱油炸食品來把它烤得酥脆等,在同一間店裡引進了Rational的蒸氣烤箱,在運用上涉及到許多方面。相較於怎樣的料理適合運用蒸氣烤箱,吉岡先生覺得,沒有蒸氣烤箱不適用的料理。他認為有想做的料理時,要在哪個過程活用蒸氣烤箱、要來填補哪道作業、如何追求效率化,都是取決於廚師本人的。譬如說「炸夏鹿肉排」這道料理,就是用蒸氣烤箱將沾有麵衣的夏鹿肉加熱之後,最後再以油炸的方式讓麵衣變得酥脆。將肉做到極限加熱並把麵衣炸得酥脆,以此為目標所產生的,就是與一般相反的使用方式。此外,也像「鹽燒魠魠」(P106)一般,藉由使用蒸氣烤箱來安排供應的時機,這也可以提升服務品質。如此一來,還是得靠廚師本人來擴展更多的可能性。

在遠道而來的客人不斷增加,當地魚類料理備受期待的如今,談論著今後想要反覆去研究,找出除了魠魠魚之外各式魚類所適合溫度的吉岡先生。他還提到,對於醬油這類使用麴的發酵調味料,也想在不久的將來親手嘗試看看。

※19:指黑色的樟木,也就是烏樟。
※20:霰餅是一種把年糕切成小塊後,燒烤或炸過製成的米果。
※21:料亭是種高級的日本餐廳。早期需透過熟客引薦才能進入,近年來已逐漸開放給一般大眾。

■在這道菜色上也活用了蒸氣烤箱。

炸夏鹿肉排　淋牛蒡芡汁

能當正月料理的烤味噌醃魚

燉煮拼盤

認為「不管什麼都很適合,什麼都可以讓它變適合」

展現出丹後四季與風土的料理,白天供應4道菜配白飯、點心要價3000日圓～,晚上提供6道～7道菜配白飯、點心則是6000日圓～。「對日本料理沒有定見」,採用最新機器和技術以及西方素材的料理蔚為話題。有28個座位的空間及1間包廂,洗鍊的空間也非常出色。

地址／京都府京丹後市彌榮町黑部2517
電話／0772-65-2127
營業時間／12點～13點30分、18點～20點
公休日／星期二、不定期休

神田 雲林

經營者兼主廚 成毛幸雄 Yukio Naruke

打破烹調的概念
擴展中國料理的廣度

「從20年前在飯店工作時就有在使用蒸氣烤箱，不過當時頂多就是烤、蒸這一類的使用方式」，如此說著的成毛主廚。在獨立開店後，由於廚房內沒有設置的空間而導致在引進上慢了一步。但在開張3年後，藉著活用調理台而騰出了空間，最終引進了Tanico的瓦斯式2/3尺寸5段蒸氣烤箱。

作為蒸氣烤箱的使用目的，成毛主廚最期待的是肉類的烹調。在中國料理的世界中，有著「要連肉的內部都確實地加熱過」的概念。但是，就如同現在法式的真空低溫調理所代表的，也有那種將一整塊肉做出柔軟且多汁的表現方式，主廚想要把這種技巧也運用到中國料理上。若在大塊肉的調理上活用蒸氣烤箱，就能做出不讓肉變柴而口感濕潤的成品，並且藉由中心溫度的調理功能，也提升了防止食物中毒的效果。

除了肉類調理之外，在蔬菜上也充分活用。既有用蒸氣烤箱來進行當季收穫的竹筍與栗子的事前處理，也有用於庫存上的使用方法。

「蒸氣烤箱調理會引出素材的味道，提高料理的品質。中國料理的範疇十分廣闊，這下變得更能夠找出美味的享用方式了」，成毛主廚如此說到。

1969年千葉縣出身。從橫濱中華街開始學習，並在東京王子酒店、東京凱悅飯店、東京萬豪酒店等都內有名的飯店中一展長才。2006年5月時，「神田 雲林」開幕。以上海料理和四川料理為基礎，並加入了創造力的菜色，獲得一定的評價。現在也經營著其他4間一系列的店鋪。

以傳統的中國料理為基本，活用隨四季變化的國產食材，提供以自由的想法所創造出來的菜色。以成毛主廚老家自然栽培的蔬菜為首，可以讓人享用到由全國各地產地直送的多種食材。午餐套餐1050日圓～、晚餐套餐5000日圓～。

地址／東京都千代田区神田須田町1-17　第2F＆Fロイヤルビル2階
電話／03-3252-3226
營業時間／11點30分～14點30分（L.O.13點30分）、17點30分～22點30分（L.O.21點）
公休日／星期天　※國定假日不定期休
http://www.kandayunrin.com

■在這道菜色上也活用了蒸氣烤箱。

桂花陳酒燉煮薄皮栗子	
燒味飯	香港名產，放有燒味的飯
醋椒魚	山東風燉魚

附有排氣口的調理台是訂製的，瓦斯爐下設有蒸氣烤箱。是和廠商討論後，解決排氣等問題，空出空間才導入。

唐菜房 大元

廚師 **國安英二** *Eij Kuniyasu*

以及為了細膩地調理兩方面

活用在為了有效率地調理

　之所以在2010年開張時引進了「Rational」製的蒸氣烤箱，想製作北京烤鴨是最大的理由。現在則是相當廣泛地被活用。像是手忙腳亂午餐時間的海南飯，也是用蒸氣烤箱來一併炊煮的。點心則是以設定成適用於點心的蒸氣模式來加熱。另外，粥品也是用蒸氣烤箱煮的。用鍋子來炊煮時，為了不煮焦必須得經常攪拌，同時還要雙眼不離地盯著來進行加熱，但蒸氣烤箱的話只要放進去就能做好。一邊活用著效率佳、不用費工夫就能完成等蒸氣烤箱優點的同時，一邊進行著只有蒸氣烤箱才能做到的調理。

　用於北京烤鴨時就不只是用來燒烤，也活用在讓皮乾燥上。在烤之前，要淋上脆皮水並讓它乾燥，但是這在因四季不同濕度會大幅改變的日本氣候下，想確切地弄乾是相當困難的。關於這點則藉由使用40℃的蒸氣烤箱來將它烤乾，就可以每次都相當均勻、精確地烤乾。將烤料理視為中國料理的醍醐味，因此對這點相當重視的國安主廚。由於可以完成理想中的燒烤程度，所以，特別是在烤料理的層面，蒸氣烤箱已經是不可或缺的存在。

國安英二（照片右），誕生於1965年。香川縣人。於辻調理師專門學校畢業後，進入同校任職，22年來擔任中國料理的講師。曾在飯店工作，並於2010年6月獨立，開設『唐菜房 大元』。照片左方為助手村松祐典先生。

將歷經20年以上中國料理講師經驗中學到的「中國各地的料理與飲食文化」，活用在打造店面上，將各地區的優點反映在菜色上。追尋著「活用素材滋味的中國料理」。

■在這道菜色上也活用了蒸氣烤箱。

海南雞飯
午餐時間的炊飯
活用在所有烤料理上

地址／大阪府大阪市北区西天満4-5-4
電話／06-6361-8882
營業時間／星期一～星期五　11點30分～14點30分（L.O.14點）、18點～22點30分（L.O.22點）　星期六18點～22點30分（L.O.22點）
公休日／星期天、國定假日

Chi-Fu 師傅

經營者兼主廚 東 浩司 Koji Azuma

擁有明確的印象
提出新的飲食體驗

蒸氣烤箱「可以用1℃為單位的溫度，以及用1％為單位的溼度來調整，這份特點非常有魅力」，東浩司主廚如此述說著。現在也活用著Rational的蒸氣烤箱。正因為可以做到細微的溫度調整，在反覆失敗與嘗試的過程中，溫度區間也往往讓人迷惘，關於這方面，主廚說「如何掌握蛋白質凝固的溫度相當重要。是想讓素材的中心接近凝固溫度，還是讓外圍到達凝固溫度就好，光是這點就有很大的不同」。就像這樣，想讓素材的哪個部分變成怎樣，如何來食用什麼食材，非常重視擁有這般明確地印象。例如本次介紹的「鱗片」，就是從「讓魚鱗變得酥脆，魚肉則是做到極限地加熱」這種明確的印象中誕生的。讓去除水分的「炸」與加濕的「蒸」這種相反的調理法共存的想法，是相當劃時代的，可以說正是因為有著明確的理想才產生出來的技術。

此外，東主廚在蒸氣烤箱的使用上，相當注重與其他料理方式的組合搭配。「產生出香酥口感或香味成分的美拉德反應[※22]，在料理上是必要的。低溫調理做不到的部分，就搭配其他調理方法，想讓料理的表現幅度變得更廣闊」，主廚如此說著。而在追求作業效率化的方面也經常用到蒸氣烤箱，東主廚說，想用它來展現出「新的飲食體驗」。像是「日本龍蝦與蠶豆春捲」，就是加入「香酥卻又濕潤」的驚喜感，不僅為套餐添加起伏，也為料理帶來了深度。

■在這道菜色上也活用了蒸氣烤箱。

蔬菜脆片

長時間加熱燉煮的料理

以精確溫度區間加熱的料理

1980年大阪府出身。是戰後不久在西天滿創業，之後在東京‧新橋也開設店面的「米粉東」第三代。曾在「維新號集團」中工作，並在「米粉東」進行鑽研。將自1992年起長期歇業的大阪本部大樓改裝，並於2011年9月時，分別獨立在1F店面開設「Chi-Fu」；B1開設法式小餐館「Az」、「米粉東」。

用少量多盤的套餐來供應的迷人料理，是採用中國古典料理為基底，結合了葡萄酒的新式做法，並由主廚述說創作理念。以「只有在日本才吃得到的中國料理」為概念，目標是成為一間匯集全世界美食家的店面。套餐白天5500日圓～、晚上12000日圓～。

地址／大阪府大阪市北区西天滿4-4-8
電話／06-6940-0317
營業時間／11點30分～13點、17點30分～20點30分
公休日／星期天、星期一白天
http://chi-fu.jp

※22：Maillard reaction，指食物中的碳水化合物與胺基酸、蛋白質在常溫或加熱時產生的複雜反應。反應過程中會產生許多氣味不同的分子，為食品帶來可口的滋味與美觀的色澤。

拳拉麵

老闆 山內裕嬉吾 Yukimichi Yamauchi

1969年，京都府出身。曾在京懷石餐廳、壽司店工作，並開設居酒屋。因白天限定供應的拉麵獲得了好評，開設了拉麵專賣店。作為一間會有「驚喜」的限定拉麵出現的店鋪也非常有名，持續在拉麵通之間受到關注。

重複好幾次的試作，以簡單的製作方式來大大活用

在拉麵通美食家之間評價很高的『拳拉麵』。不管在湯頭還是配料上，都持續不斷地提供獨創式的拉麵。現在製作有5種叉燒，有豬腿肉叉燒、豬五花叉燒、用昆布包過的烤豬梅花肉叉燒、燻製後製作的豬五花培根，以及雞胸肉叉燒。每一道拉麵都是組合2種以上的叉燒來當配料。而其他還有製作用於期間限定拉麵的鹿肉叉燒，以及烤牛肉叉燒等等。以前也曾做出用昆布把豬梅花肉包起來，整個蓋滿鹽巴後，用蒸氣烤箱把肉的中心溫度設定在60℃的鹽釜叉燒。保留了肉的顏色、相當柔軟並且入口即化的肉質，配上鹽味拉麵的湯頭大獲好評。

在16個座位的店面裡，光是叉燒就能做到如此豐富的調理，無非就是因為活用了蒸氣烤箱。從2011年搬遷到現在的地址時，就引進了Tanico製的蒸氣烤箱。

因為蒸氣烤箱是很方便的機器，只要做好溫度設定與時間設定，放進烤箱裡按下開關就好，為了做到這一點，直到決定好溫度與時間之前，山內先生都不斷反覆試作著。將「用蒸氣烤箱加熱→取出→做成真空包裝保存起來」這種調理作業，做到可以統一流程來製作，也讓它能夠簡單地教給員工們。

以魚頭湯和丹波黑土雞湯頭為雙重基底湯的鹽味拉麵作為招牌，在2011年移轉到現址。2015年開始以鹿骨、牛骨、搭配魚頭的醬油口味湯頭為主。也積極在料理的裝飾上發揮巧思。

地址／京都府京都市下京区朱雀正会町1-16
電話／075-651-3608
營業時間／11點30分～14點、18點～22點
公休日／星期三（不過，也有因為只賣限定拉麵而只有白天營業的情況）

■在這道菜色上也活用了蒸氣烤箱。

烤用來熬煮湯頭的鹿骨、牛骨
製作鹿肉叉燒和烤牛肉
製作溫泉蛋

料理在134頁～136頁

拉麵 style JUNK STORY

老闆 井川真宏 Masahiro Igawa

讓蒸氣烤箱成為擴展新店鋪的支柱

提高調理的效率，大幅減少浪費

作為鹽味拉麵的人氣店面，自2010年開幕以來排隊隊伍始終絡繹不絕的『拉麵style JUNK STORY』。

老闆井川真宏所一貫追求的，是「有特色的拉麵」。也就是「其他店裡所沒有的味道」。透過只有在『JUNK STORY』才能品味到的拉麵，持續遵守提供「對飲食的期待」的概念。2013年在阿倍野展店『麵與心 7』。以「專賣魚貝白湯」這個全國唯一的派別開幕。並在2015年5月，在浪速區日本橋開始營業起『偏辣的味噌肉蕎麥麵畫龍』。2016年6月則是在四天王寺開設擁有濃厚清湯的『ENTERTAI麵T style JUNK STORY M.I Label』。以開第4間店為契機，在該店的後院打造出中央廚房，並引進了「Rational」製的蒸氣烤箱。想以「獨一無二的拉麵」持續擴展分店，必須同時去追求「效率」。於是，為了能夠運用蒸氣烤箱來製作，而改變了半熟叉燒、油封雞胗、煮雞蛋的食譜。由於是可以用1℃、2℃來調整的精密機器，嘗試了好幾次之後，才決定出適合的溫度設定，編排出了每次都能做出相同成品的流程。新店內是自不用說，在既有的店裡也活用蒸氣烤箱來更新「其他店裡所沒有的特色」，就連對熟客，井川老闆也想要提供「新的飲食樂趣」。

■在這道菜色上也活用了蒸氣烤箱。

照燒雞槌
炙燒豬梅花肉
湯品用烤東海鱸

以提供「對飲食的期待」為宗旨，在2010年6月開幕了『拉麵style JUNK STORY』。2013年5月，在阿倍野開設了專賣魚貝白湯的『麵與心 7』。2015年5月，在千日前地區開設了販售辣味噌肉蕎麥麵的『畫龍』。而在2016年4月，則在四天王寺開設擁有濃厚清湯的『ENTERTAI麵T style JUNK STORY M.I Label』。

作為鹽味拉麵的人氣店面，自2010年開幕以來人潮不斷。儘管是只有9個座位的小規模店面，平日也能賣出180碗麵，星期六、日更是能賣到270碗。擁有許多女性顧客，近年來則連外國客人都相當地多。

地址／大阪市中央区高津1-2-11
電話／06-6763-5427
營業時間／星期一～星期五 11點～14點30分、18點～22點30分；
星期六、日、國定假日11點～22點30分
http://warm-heart.co.jp

19 位主廚的
蒸氣烤箱活用法

用真空低溫調理、細膩的烹調，呈現出兔肉的鮮美與濕潤感

菜捲是瀧本主廚的拿手好菜。是種將岩雷鳥之類的野味或鴿子，以及兔子一類的肉類，用肥肝添加油脂，再用菇類的碎菇醬[24]來增添香氣之後，以菠菜包起來加熱的料理。如果是蒸氣烤箱的真空低溫調理，就更能夠不讓肉的鮮美流失，還可以做出多汁的成品。根據主要素材，以1℃為單位來調節加熱的時間與溫度，像調理兔肉時，就是用82℃的蒸氣模式來加熱8分鐘。這是在長年反覆嘗試與錯誤之後，最後找出的、可以做出最理想肉質的數字。同時加熱的肥肝，則是藉由保持冷卻到捲起來之前，來調整加熱的狀態。

醬汁則是從兔子骨頭裡熬出的肉汁。作為配菜的胡蘿蔔，該不會是因為兔子才……？「沒錯！」瀧本主廚笑著回答。被圍繞在五顏六色的胡蘿蔔裡，在這玩心之中閃耀著高度的技術，是道有如珠寶一般的兔肉料理。

食譜在148頁

兔肉與肥鴨肝菜捲的調理程序

用平底鍋只把兔背肉的表面煎過，
塗上碎菇醬。
再擺上把表面煎過之後冷卻的肥肝

▽

將菠菜汆燙過，鋪在保鮮膜上。
用菠菜把兔肉和肥鴨肝包起來

▽

在保鮮膜上開2個洞後
做成真空包裝

▽

放進蒸氣模式、溫度82℃的
蒸氣烤箱裡8分鐘。
從包裝裡取出後保溫

加熱結束後馬上從包裝內取出，稍微去掉一點水分。保溫則是用微溫的程度。

▽

將胡蘿蔔的慕斯林醬、奶油煮
胡蘿蔔、糖漬日本金柑以及葉菜裝盤。
在兔肉上撒點鹽之花[25]和黑胡椒，
並淋上兔肉肉汁。

※ 24：duxelles，用奶油把菇類、洋蔥和紅蔥頭炒過之後製成的醬。
※ 25：Fleur de sel，頂級法國海鹽。

蕪菁燜藍龍蝦
La Biographie··· 經營者兼主廚 瀧本將博

用蛋白將蕪菁鬆軟地凝固，引出龍蝦鮮味的蒸料理

在蕪菁泥中加入蛋白後，把配料包起來蒸。手法有如京料理的「蒸蕪菁」一樣，但瀧本主廚的食譜是用蒸氣模式，以86℃來加熱10～12分鐘，是相當縝密的溫度設定。

「蛋白會從58℃開始凝固，所以若是用這個蕪菁的量與材料的話，要做得鬆軟，溫度約在80℃～90℃。若是用蒸籠的話就會變得太硬。茶碗蒸的話，則大概是用87℃加熱個9分30秒吧」

藉由用蕪菁將配料封起來蒸，引出它的美味並讓它被蕪菁吸收，便是這道料理的醍醐味。因此挑選了龍蝦中最頂級的藍龍蝦。加入京都風的生麵筋和百合根，以及烤得香酥的星鰻，最後則是把用龍蝦殼跟蝦膏[26]熬出的庫利醬[27]打發之後淋上。將撈起的料全部放入嘴裡，鬆軟的蕪菁和龍蝦纏繞在一塊，滿滿都是奢侈的鮮美。時不時露臉、點綴用的糖漬檸檬和松露，也讓人感到非常有趣。

食譜在149頁

蕪菁外衣的調理程序

將蕪菁放入攪拌機攪拌，加入鹽後去除水分

∨

將蛋白打發，加入糖漬檸檬、蕪菁後攪拌

∨

在先燙過的藍龍蝦、星鰻、百合根及生麵筋上，包覆蕪菁泥

∨

放入蒸氣模式、溫度86℃的蒸氣烤箱裡10～12分鐘

蛋白凝固變得硬梆梆的話，水分會分離出來。要以讓水分與鬆軟合而為一為目標。

∨

淋上龍蝦的庫利醬，撒上鹽之花、黑松露和葉菜。

※26：此處的蝦膏指得是蝦子頭部的中腸線，又稱肝胰臟。
※27：Coulis，又稱為庫利。一般是將打成泥的蔬菜或水果過濾之後取得的濃厚醬汁，濃度介在果泥和果汁之間。

粉紅橘子的超薄水果塔

La Biographie··· 經營者兼主廚 瀧本將博

運用烹調技巧，
既不讓果肉變得軟爛，
並保有讓皮可以毫不勉強地
食用的軟硬度

果肉呈現出粉紅色的粉紅橘子，在皮與果肉之間的橘絡帶有苦味。瀧本主廚相當中意這點，為了能讓人把皮吃下去而思考出的方案，就是這道水果塔。不過，由於果肉與皮的狀態有所差異，微妙的火侯就成了這道的重點。

「像蔬菜和水果這類較硬食材的真空調理，是以90℃為基準。在不超出80～99℃的幅度內來進行細微調整。而外皮最為柔軟且果肉不會軟爛掉的平衡，則是用86℃加熱2小時」。

水果塔皮是在中間夾入4種香料粉[28]，並疊上5層妃樂酥皮烤成而。放上卡士達奶油再排上橘子，烤出焦糖後就完成了。切得薄薄的橘子，也難怪可以毫不費力地連皮一起吃下，橘絡微微的苦味與4種香料粉的香味相當搭。四川山椒的配料雖然讓人感到意外，但其實山椒也是柑橘類。是非常匹配的辛香料。

食譜在149頁

粉紅橘子的調理程序

將粉紅橘子直對半切，
與細砂糖、海藻糖、柑曼怡[29]
一起真空包裝。

∨

放入蒸氣模式、86℃的蒸氣烤箱裡
2個小時後，用冰箱冷卻

冷藏後的狀態。做成即使將邊緣疊合在一起、裝盤成花環狀（玫瑰花蕾的形狀）也可以連皮一起用刀輕鬆切開的軟硬度，儘管如此，果肉也沒有變軟爛。

∨

切薄片後，以螺旋狀擺在酥皮、
卡士達奶油上

∨

表面塗滿細蔗糖，用噴槍烤出焦糖。
撒上壓碎的開心果、四川山椒。

橘子連皮一起切成薄片。柔和地加熱的話，果肉就不會軟爛掉。

※28：Quatre epice，主要成分有白胡椒、肉豆蔻、丁香、肉桂及生薑等。
※29：Grand Marnier，又稱金萬利。是一種香橙力嬌酒，將苦橙皮蒸餾後混合干邑釀製。

照燒羔羊 搭配辛香料與香草植物的香味
拉羅歇爾山王店　料理長　川島 孝

運用蒸氣的效果，
仔細地把帶骨的羔羊肉
烤得鬆軟、濕潤，
可以輕易將它骨肉分離

用幼羊的肉汁、香草植物與辛香料，鎖住羔羊帶骨前腳美味的同時，用蒸氣烤箱來加熱。並用蒸氣來將中心溫度加熱到90℃，藉此做出鬆軟、濕潤的口感。也能夠輕易地從骨頭上將肉切除，可以確實地品味到連接骨頭那鮮美的部分。所謂的「Laqué」，就是一種類似「醃漬後燒烤」的調理法，也就是所謂法式風格的「照燒」。

用蒸氣烤箱來把加熱後的湯汁煮乾，一邊塗上肉汁，一邊用明火烤箱[30]把它烤得香酥可口。配菜則是擬作庫斯庫斯[31]的花椰菜塔布勒沙拉[32]與甜椒醬[33]、庫斯庫斯醬。這是川島主廚在法國進修時，從巴斯克地區和普羅旺斯地區的料理中構想出來的。在庫斯庫斯的辛香料中，混合了辣椒粉、香菜與薔薇花蕾等，使用了許多香味濃郁的材料。做出一道滿是香草植物的香氣，色彩也非常美麗的料理。

食譜在150頁

羔羊的調理程序

在羔羊肩肉上，塗抹鹽、白胡椒和肉豆蔻來醃漬

∨

用稍多的橄欖油將它烤出焦色

∨

在較深的鐵盤裡，將羔羊肉汁配上香味蔬菜、香草植物、辛香料，放入組合模式、溫度130℃、水蒸氣量60%、中心溫度設定在90℃的蒸氣烤箱裡

∨

從蒸氣烤箱取出後，將湯汁過濾，煮乾煮到剩下一半為止

∨

去除骨頭切成約60g大小，一邊塗上煮乾後的湯汁，一邊用明火烤箱烤出焦香

∨

將花椰菜塔布勒沙拉擺放到盤子上，再擺上照燒羔羊。周圍用甜椒醬、庫斯庫斯醬、香草植物類做裝飾

※30：原文為Salamander，在歐洲的煉金術中被視為火的精靈，又譯為沙拉曼達、沙羅曼蛇或火蜥蜴。因為其火焰性質，許多暖氣機或廚房的烹飪用品也稱為沙拉曼達。這裡是指從食材上方加熱的烤箱，又稱上火烤箱。
※31：Couscous又稱為古斯米、蒸粗麥粉或北非小米。是北非、南法很普遍的食物。
※32：Tabbouleh是敘利亞、黎巴嫩一帶的經典沙拉，主要由小麥片與切碎的巴西利、薄荷、番茄及洋蔥等混合，並適量加入食鹽、檸檬汁、橄欖油等攪拌而成。
※33：Piperade是法國巴斯克地區經典特色菜，用橄欖油拌炒番茄、甜椒、蒜頭和洋蔥而成。又稱手工番茄醬。

蕪菁的漂浮之島 ^{※34}
拉羅歇爾山王店 料理長 **川島 孝**

※34：Oeufs à la Neige，又稱雪花蛋奶。將加了糖和香草籽的蛋白打到硬性發泡製作蛋白霜，再將它加熱後，放入香草醬或卡士達奶油中。蛋白霜漂浮在醬汁上，因而被稱作漂浮之島。

「將鬆軟地融化的蕪菁香味與甜味，鎖進舒芙蕾裡」

就像要完整享受蕪菁的美味一般，不管是葉子還是果肉，分別以不同的烹調法製作，並且將它改變形狀，在一盤菜裡整合了各式各樣的味道。其中的主體，是用蛋白霜把蕪菁泥與它的汁液包裹起來，用82℃蒸氣模式的蒸氣烤箱來烹調的舒芙蕾。一旦到達90℃以上就會出現氣孔的蛋白，也是因為運用了蒸氣烤箱，所以才能夠以82℃這種精準的溫度設定，讓每次都做到穩定地加熱。而搭配舒芙蕾的，則是蕪菁葉的泥、蕪菁葉香粉、以及烤過的迷你蕪菁。蕪菁葉的香粉是放入70℃烤箱模式的蒸氣烤箱裡來製作。蕪菁的舒芙蕾上，則是特別增添了用比擬淡雪的高效能油脂轉換粉（Maltosec）製作的大溪地萊姆油粉末。在入口的瞬間就鬆軟地消失不見，而香味濃郁的大溪地萊姆薰香，在口中溶解之後也依然持續下去。此外，為了襯托出蕪菁的味道、口感，還加上了烤過的澳洲胡桃。

食譜在151頁

蕪菁的調理程序

製作蕪菁泥、蕪菁汁

∨

將乾燥蛋白等放入蕪菁汁裡打到八分發泡

∨

直接用橡膠刮刀把打發的蕪菁汁拌入蕪菁泥裡

∨

在鐵盤中準備好圓形模具，倒入8分滿的蕪菁泥後，放入蒸氣模式、溫度82℃的蒸氣烤箱裡20分鐘

∨

將淡雪粉、蕪菁葉的泥、蕪菁葉香粉與澳洲胡桃一起裝盤。

糖煮蘋果
拉羅歇爾山王店　料理長　川島 孝

直接把鮮紅色的蘋果下去用糖漿煮！以糖煮水果的滋味，充分品味清脆的口感

運用蒸氣烤箱，同時保留了蘋果的清脆口感與糖煮水果的多汁。如果用鍋子來煮的話，會把蘋果煮爛而變得太軟，或是容易讓它變色，但藉由使用蒸氣烤箱，就能完成擁有超乎新鮮蘋果的鮮豔色澤，並能同時享受口感的糖煮水果。挖出新鮮的紅玉蘋果果核後，跟糖漿一起做成真空包裝，用90℃、水蒸氣量25%組合模式的蒸氣烤箱來加熱15～20分鐘。並在用蒸氣烤箱加熱後，馬上放進冰箱冷卻一晚以上，來讓味道與顏色確實滲透進去。挖掉的蘋果內部，則是塞入蘋果雪酪。並且把優格慕斯與蘋果脆片裝盤。

蘋果雪酪則是以與糖煮水果相同設定的蒸氣烤箱來製作。雪酪則是使用了切片的蘋果。蘋果脆片也是用蒸氣烤箱製作。以90℃烤箱模式的蒸氣烤箱加熱5分鐘後，再用90℃的多層烤箱乾燥2個小時。

食譜在152頁

糖煮蘋果的調理程序

去除紅玉蘋果的果核後把中間挖空，跟糖漿一起做成真空包裝

⌄

用組合模式、90℃、水蒸氣量25%的蒸氣烤箱加熱15～20分鐘

⌄

拿出來後迅速將它冷卻，放進冰箱一個晚上

蘋果雪酪的調理程序

將紅玉蘋果連皮直接切片，用與上述同樣的蒸氣烤箱設定做成糖煮水果。

⌄

放進攪拌機攪拌後，加入蘋果汁、Procrema（冰淇淋穩定劑）並過濾，倒入雪酪機裡

蘋果片的調理流程

用切片器把紅玉蘋果連皮直接切片成0.5mm厚，並去除種籽

⌄

跟糖漿一起做成真空包裝，用組合模式、溫度90℃、水蒸氣量25%的蒸氣烤箱加熱5分鐘

⌄

夾在兩片鐵板之間，一邊加壓的同時，一邊用溫度90℃的烤箱模式來讓它乾燥

第戎 肥鴨肝
gri-gri 經營者兼主廚 伊藤 憲

藉由準確的中心溫度設定與烤箱內部的氣壓管理，抑制油脂的流失，做出極致的滑潤口感

會因為加熱方式的差異而產生出完全不同質感的肥鴨肝。藉由將濕度控制在0%之後，再來進行中心溫度的調理，伊藤主廚引出了濃郁、細膩，並且黏糊而滑潤的口感。想把結合了油脂與蛋白質的肥鴨肝加熱得滑潤細緻，用溫和的火侯讓蛋白質凝固的同時，極力抑制油脂的流出是非常重要的。用溫度58℃、濕度0%的設定來把中心溫度提升到55℃，並在取出之後直接冷藏來使它凝固。中心溫度如果高過55℃將會促進油脂的流失，太低則不會凝固而變成水水的半熟狀態。設定濕度0%的目的，則是為了免除因空氣中或從肥鴨肝內跑出的水分，導致烤箱內部的氣壓改變而使溫度變得不穩定的疑慮，以及在肥鴨肝上施加壓力，讓油脂不要流失之故。如果能把油脂鎖住，表面就不會產生油脂的薄膜，也較好用在醃漬一類的調理上。

用黑醋栗利口酒來當醃泡汁，搭上芥末凍，中間則是法式香料麵包[※35]，將第戎的名產排列組合，命名為「第戎肥鴨肝」。

食譜在153頁

肥鴨肝的調理程序

將鹽、砂糖撒在肥鴨肝上，
用保鮮膜弄成圓柱型

∨

擺在放於鐵盤的網子上，用烤箱模式、
溫度58℃、濕度0%、風量1的蒸氣烤
箱，把中心溫度設定在55℃來加熱
（1小時～1小時30分鐘）

為了不要直接傳導鐵盤的熱度，先墊上網子再來擺放，避免微妙的熱傳導，並以均勻的烹調為目標。

剛取出後的狀態（為拍攝而取下了保鮮膜）。油脂一點點浮出的程度，把油脂的流失控制在最低限度。

∨

直接放進冰箱約半天來冷卻凝固

∨

放入將黑醋栗利口酒煮乾的醃泡汁中
醃漬3天

∨

切成薄片，中間夾入法式香料麵包片，
擺上芥末凍後裝盤

冷藏後的狀態，產生出黏糊而細緻的質感，如果將它推開，會像奶油一樣滑潤地擴展開來。

※35：原文為Pain d'épices，成分包含了黑麥、蜂蜜以及香料。

※36：契福瑞起司是法國山羊奶起司的通稱。這裡是用契福瑞起司來製作慕斯。

將濕度設定為0%
來排出水分、做出沒有變形、理想中的餅皮

塔皮麵糰如果不用重石[※37]的話，會在加熱中膨脹或萎縮，成品就會容易變形，但藉由活用蒸氣烤箱就解決了這個問題。要點就如P38、P42的2道料理一樣，就是將濕度設定為0%。由於迅速地排出了麵糰產生的水分，讓麵糰內的壓力變化較少，也因此，不管是膨脹還是縮小都變得困難。此外，就算多少有點膨脹也能夠恢復原狀，不必擔心因為變形而導致側面的麵糰剝落。最後不管是直線還是曲線都變得美觀而鮮明，成功得到了如理想中的形狀。

伊藤主廚在這道料理上追求的，是用130℃的低溫加熱，稍微地烤過、彷彿輕輕一碰就會碎掉般的質地。如果餅皮有底座的話，存在感就會太過強烈，而損害味道的纖細度，所以烤成了沒有底座的圓環狀。作為搭配年份香檳的前菜，榛果有著香檳所具備的堅果般的熟成感，果香風味則用青蘋果來呈現，作為刺激食慾的鮮味，也把烏賊一起裝盤。榛果派的口感與風味，加深了吃完之後的餘韻。

食譜在153頁

榛果派的調理程序

將榛果糊等醬的材料混合起來

∨

放在冰箱裡30分鐘，將它延展裝入模具裡，再放個30～60分鐘

∨

用烤箱模式、溫度130℃、濕度0%、風量1的蒸氣烤箱燒烤後把它放涼

因為不需要壓塔石，不僅在作業上相當平順，而且也不會失敗，可以烤成喜歡的形狀。

∨

在塔皮中塞入烏賊、青蘋果和榛果的塔塔醬，蓋上契福瑞起司的慕斯分子泡沫[※38]，再添上米和烏賊墨的脆片

連同中間的堅果與水果一起，在弄碎脆脆且纖細餅皮的同時，可以品味到素材合為一體的味道。

※37：又稱壓派石、壓塔石，防止塔皮在烘培時膨脹，兼有塑形的功能。
※38：「Espuma」，使用注有氮氧化物或二氧化碳虹吸瓶調製的泡沫的食譜。

玫瑰與辣椒的雪酪
添加草莓、覆盆子與優格醬
gri-gri 經營者兼主廚 伊藤 憲

42

用一定溫度的
長時間加熱，
創造出原創的
發酵食品

可以長時間維持適合發酵溫度的蒸氣烤箱，在製作發酵食品上是非常珍貴的寶物。伊藤主廚在製作原創的優格上，就活用著蒸氣烤箱。與在鮮奶油裡補上酸味的做法不同，並將這種乳酸菌特有、風味豐富的酸味，當成甜點或料理的醬汁，千變萬化地運用。此外，也能夠像本次一樣添加獨創的味道、風味或顏色，並藉由使用新鮮的食材，而得以做出與市售香精完全不同的天然風味，這點也非常有魅力。也可以使用香草植物、食用花或糖漿等等，變化自如。

假如加熱溫度稍有偏差，發酵就不會進行，溫度如果太高，蛋白質就會凝固，但如果使用蒸氣烤箱的話就會非常可靠。利用計時器，就連關店後的時間也可以拿來製作。

組合了類型相反的玫瑰甘甜香氣與紅辣椒辛辣風味的優格醬，在底部塗上一層之後，上面則擺放風味一致的雪酪。優格的酸味、風味與滑潤口感，襯托出莓果的新鮮度和爽口的口感，做出一道色彩洋溢的甜點。

食譜在154頁

將牛奶煮沸之後，放入玫瑰、辣椒、細砂糖，熬煮15分鐘煮出香味

∨

將它過濾，並在完全冷卻之後混入優格

∨

倒入容器裡，在關店後放進烤箱模式、溫度56℃、濕度0%、風量1的蒸氣烤箱裡，讓它發酵6個小時直到隔天。備料到這個階段，用冰箱將它保存起來

做好的優格，連同食材的香味染上淡淡的顏色，變成了粉紅色。

∨

連同草莓庫利醬塗抹一層在容器的底部，再裝入玫瑰辣椒雪酪、香檳餅乾等等

本次是把優格當成醬汁使用，添增了清爽的酸味

鵪鶉與山菜
Agnel d'or 經營者兼主廚 藤田晃成

44

來構成一盤料理　鵪鶉與山菜反覆登場，　讓鎖住美味的

主題是鵪鶉與山菜。將稍具苦味的蜂斗菜花蕾與油菜花打成泥，搭配上肉味濃厚的鵪鶉。使用了好幾次同樣的素材來建構出一盤菜，是藤田主廚的一種手法。

將腿肉油漬後做成真空包裝，並以88℃仔細地烹調3個小時。供應前把表面烤過是一般常見的做法，但由於與鍋子的接觸面太小，因此用瞬間放入炸鍋的方式來完成。醬汁則是用山菜製作。

相反的，山菜法式布丁※39則是用88℃加熱30分鐘。這是讓雞蛋緩慢凝固所需要的時間。醬汁則是用鵪鶉製作。

將這些材料配上用72℃蒸氣模式，低溫調理到中心溫度62℃、濕潤且多汁的胸肉火腿，以及麵皮裡揉入山菜，用烤箱模式烤好的法式泡芙，就有3組鵪鶉與山菜的料理。光是一盤菜裡就塞滿了這麼多的要素。讓人見識到藉由技術與美感來引出素材的可能性，並且完全活用蒸氣烤箱，把這些相去甚遠的料理均衡地整合在一塊。

除了法式布丁以外都只要重新加熱就可以供應，這種優良的操作效率，也值得大大地參考。

食譜在154頁

將鹽、胡椒、海藻糖撒在鵪鶉腿肉上，與橄欖油、蒜頭、薑一起真空包裝

∨

放進蒸氣模式、溫度88℃的蒸氣烤箱裡3個小時

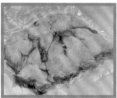

花上3個小時，讓它變成可以把肉從骨頭上輕易取下的狀態。統整起來備料，供應時則是一次加熱1隻。

∨

用200℃的油只把表面油炸過

將鹽、胡椒、海藻糖撒在鵪鶉胸肉上，用保鮮膜包起來讓它成型

∨

用蒸氣模式、溫度72℃的蒸氣烤箱，加熱到中心溫度達到62℃為止

為了做出濕潤的胸肉，用72℃的低溫加熱。

山菜法式布丁的調理程序

把油菜花泥、蜂斗菜花蕾泥、雞蛋、鮮奶油混在一塊

∨

倒進容器蓋上保鮮膜，放入蒸氣模式、溫度88℃的蒸氣烤箱裡30分鐘

比起一般布丁更搖晃和柔軟，像奶油一樣柔軟的法式布丁。

∨

在溫熱的狀態下，淋上鵪鶉清湯

最後階段的調理程序

將山菜法式布丁、鵪鶉腿肉與醬汁、鵪鶉胸肉、山菜泡芙、細香蔥的西式醃菜裝盤

※39：原文為Flan，又稱為芙朗、焦糖布丁。

45

沙鮻、蘆筍、肥鴨肝、蕎麥果實、海藻
Agnel d'or 經營者兼主廚 藤田晃成

蘆筍增添了口感
料理，以加熱過的
就做好魚和海藻的
只用1分30秒

整體的印象，彷彿就是藤田主廚前去進修的法國・諾曼第地區一樣。使用了特產品的魚、海藻、蕎麥，並用肥鴨肝補足了油脂的成分。在生裙帶菜的醬汁中，則用中意的夏多內[※40]葡萄醋添加了酸味，把醃沙鮻做成像用醋醃漬一般的感覺。

其實藤田主廚曾在壽司店工作。因此，既然是要供應給日本人，在魚的處理上就得要特別用心。「例如像用醋醃漬，只要以米醋迅速洗過的程度即可。訣竅就在於不損害生魚片的美味」

幾乎所有的生魚都得要搭上喀擦喀擦的堅硬口感，這裡選中的配角是蘆筍。與義大利的鰻魚醬、昆布、生火腿的高湯一起做成真空包裝，再用100℃的蒸氣模式加熱1分30秒。藉由短時間的加熱，讓它在蘊含味道的同時，還能留下接近生魚的口感。再用它的高湯來煮蕎麥果實。用70℃的真空低溫調理，把中心溫度加熱到53℃，再加上留住了油脂的肥鴨肝那彷彿要融化一般的舌尖觸感，打造出口感多樣的美食饗宴。

食譜在155頁

食譜在155頁

蘆筍的調理程序

將蘆筍、生火腿的清湯、鰻魚醬、昆布做成真空包裝

∨

放進蒸氣模式、溫度100℃的蒸氣烤箱裡1分30秒～2分鐘

肥鴨肝的調理程序

將成形的肥鴨肝抹滿鹽和海藻糖後真空包裝

∨

用蒸氣模式、溫度70℃的蒸氣烤箱加熱到中心溫度到達53℃為止

用低溫烹調來留住油脂，做出濕潤的成品，創造出彷彿要融化一般的舌尖觸感

最後階段的調理程序

將沙鮻用鹽、海藻糖、橄欖油醃漬5個小時，用噴槍來炙烤魚皮面

∨

在捲起來的沙鮻中插入蘆筍，擺在切片的肥鴨肝上

∨

與蕎麥果實、生蘆筍、裙帶菜、海藻醬汁一起裝盤

※40：Chardonnay是一種葡萄種類，又稱為夏多娜葡萄。

黑毛豬、新牛蒡、西洋菜、豬血腸

Agnel d'or 經營者兼主廚 藤田晃成

食譜在156頁

法國產的黑毛豬味道鮮美富有野趣。迷戀這種豬的主廚，想到了搭配牛蒡和豬血腸這種粗獷又土氣的做法。

先以加熱到冒煙的平底鍋來把豬肉表面煎凝固後，連同醃泡汁一起做成真空包裝，用58℃加熱一個小時。既不是烤也不是煮，瞄準了在一邊入味的同時低溫加熱的這種半熟透的狀態。因為醃泡汁裡混有含有膠質的豬腳肉汁，如果最後再用明火烤箱來將它烤成焦糖色的話，就可以做出紅酒燉小牛般的黏稠感。

新牛蒡則是以90℃放置一個晚上。緩慢地加熱，這是將有纖維質的牛蒡，熱熱軟軟地煮成最接近薯類狀態的溫度。供應前再將它直接炸過，去除表面的水分後就完成了。

豬血腸裡也活用了黑毛豬的剩餘部位，並用烤箱模式來稍微溫熱。以豬血腸與牛蒡的泡沫把整體聯繫起來，再增添上西洋菜的清爽。有著扎實且厚重飽足感的同時，也能感受到輕快的主餐料理。

用低溫柔和地入味的野趣豬肉，
以及調理得像是薯類一般熱熱軟軟的新牛蒡

只把豬梅花肉的表面用平底鍋煎過

與小牛高湯、豬腳肉汁、紅酒、馬德拉酒※41、蜂蜜一起真空包裝

用蒸氣模式、58℃的蒸氣烤箱加熱1小時

用超低溫加熱，使醬汁與肉像是調和一般的感覺。包裝前再用高溫把表面煎過，補上香酥的口感。

與醬汁一起移到平底鍋裡，用明火烤箱烤成焦糖色

泡沫下是球狀的豬血腸。從尾端開始按順序來享用的話，就能充分明白它優秀的平衡。

新牛蒡的調理程序

將新牛蒡、鹽、海藻糖、橄欖油真空包裝

放在蒸氣模式、溫度90℃的蒸氣烤箱內一晚（約8小時）

打烊後放入蒸氣烤箱裡就可以回家了，隔天再將它取出。與蛋白質不同，用餘熱來加熱也沒關係。

用200℃的油直接炸2、3分鐘

豬血腸的調理程序

用黑毛豬的肉醬和義式培根、豬血等來製作豬血腸，做成球型後用豬網油※42包起來

放進烤箱模式、溫度200℃的蒸氣烤箱裡2分30秒

最後階段的調理程序

將豬肉、新牛蒡、豬血腸、西洋菜以及新牛蒡與豬血腸的泡沫裝盤

※41：馬德拉酒是馬德拉群島出產的葡萄牙加強葡萄酒。
※42：又稱網油，是指內臟附近的網狀脂肪，常用於將食材包起來後油炸。

椰子、大黃、草莓、扶桑花

Agnel d'or 經營者兼主廚 **藤田晃成**

運用烹調的技巧，實現像是煮得堅硬酥脆的大黃等數種不同的口感

雖然大黃是一種相當容易煮爛的素材，但如果是用短暫的加熱時間就能均勻弄熟的蒸氣烤箱，就可以保有酥脆的口感。訣竅是塗滿細砂糖之後，花上一個晚上的時間確實將水分離，並且只把水分稍微煮乾。真空調理時水分不會蒸發的特性可以補償這一點。

此外，在機種無法設定風量時，較輕的蛋白霜會被風吹動。這種情況下，則用矽利康墊來把通風孔塞住，用物理的方式來隔絕。「雖然設定上是100℃，但恐怕烤箱內實際的溫度只有70～80℃吧」，藤田主廚這麼說著。使用不會把砂糖烤焦的低溫，花上3個小時，連中間都烤得酥酥脆脆。

椰子溫和圓潤地將大黃、扶桑花、草莓各自的酸味包覆起來。有咬勁的大黃、細緻的蛋白霜、軟綿綿的義式冰沙等，一次嚐到好幾種不同質感的趣味，非常出眾。

食譜在157頁

大黃的調理流程

將大黃切過，用細砂糖醃漬一晚

⌄

只把大黃冒出來的水煮乾，
與大黃一起做成真空包裝

⌄

放進蒸氣模式、溫度85℃的蒸氣烤箱裡
15分鐘

預先將水分煮乾的話，就可以用很短的時間迅速做成糖煮大黃。

蛋白霜的調理程序

將蛋白、乾燥蛋白、砂糖打到乾性發泡。將它擠出來後，撒上扶桑花粉

⌄

用烤箱模式、溫度100℃，並以矽利康墊阻隔風的蒸氣烤箱加熱3個小時

最後階段的調理程序

將大黃、椰子雪酪、蛋白霜、草莓、
椰子的義式冰沙裝盤

簡單煙燻的秋鮭與開心果 佐青豆醬
Restaurant C'est bien 經營者兼主廚 清水崇充

不僅保留了秋鮭生魚片的味道，還做出即使厚切也容易入口的口感

運用蒸氣烤箱來加熱，不僅讓厚切的秋鮭留有生魚片的口感，還擁有暢快的咬勁、容易入口。秋鮭如果做成厚切生魚片，會因為難以咬斷而不好食用，因此藉由加熱會讓它變得容易咀嚼。運用不會加熱過頭的38℃這種極限的溫度設定，放入組合模式的蒸氣烤箱裡30分鐘，讓秋鮭在表現出加熱後特色的同時，也確實留住了黏滑的秋鮭生魚片滋味，創造出生秋鮭的嶄新口感。若用40℃來加熱的話，即使只是高了2℃，秋鮭就會被加熱到碎裂、崩解的狀態。如果從蒸氣烤箱取出後就不管了，魚肉會被餘熱加溫，所以要馬上冷卻，並在冷卻之後再進行最後的潤飾。

襯托出厚切鮭魚品嘗樂趣的，是櫻花的薰香。接著貼上稍微烤過之後的開心果作為點綴，又加深了秋鮭口感的深度。最後則添加上運用簡單的調味、活用豆子原有風味的青豆醬，以及帶有爽口酸味與香味的檸檬醬。

食譜157頁

秋鮭的調理程序

秋鮭用鹽和砂糖醃漬1天放置

∨

用櫻木的煙燻木屑燻製1分半

∨

冷卻之後做成真空包裝

∨

放入組合模式、溫度38℃的蒸氣烤箱裡30分鐘

∨

冷卻之後去皮

∨

將去皮的部分塗上塔塔醬，貼上烤過的開心果

∨

與青豆醬、青紫蘇芽菜※43等一起裝盤

※43：原文Microgreens是指提早收割的蔬菜，在發芽後約一周至十天就可以收成，並用來製作沙拉。又稱微型蔬菜、菜苗、食用蔬菜苗。

油封和牛頰肉
佐印加的覺醒※44 薯泥與春季時蔬
Restaurant C'est bien　經營者兼主廚 清水崇充

※44：印加的覺醒是北海道馬鈴薯的品種，特色是有如栗子與蕃薯般的深度口感。

用牛頰肉具體呈現
烤過的咬勁與
長時間燉煮後的軟嫩

　　將烤過之後會變硬而難以入口牛頰肉部位，加熱成在留住烤過的咬勁的同時，仍能兼顧軟嫩且容易入口特性的料理。為了讓咬勁與柔軟度並存，將和牛頰肉與紅酒一起做成真空包裝之後，用70℃組合模式的蒸氣烤箱加熱36個小時。烹調20個小時還稍微有點硬，但加熱到36個小時以上的話，反而會變得太軟。找出了能濃縮牛頰肉鮮美的時間設定。由於要放進蒸氣烤箱很長一段時間，因此利用了打烊後到開店前的時間來加熱，取出之後，用急速冷卻機來將它急速冷卻。每次有人點餐，就把表面煎得香酥之後，淋上醬汁來供應。醬汁是用小牛高湯配上真空包裝內的紅酒來製作。將和牛頰肉放進口中，表面雖然還帶有少許彈力，內部卻是柔軟到令人吃驚。

　　與一般的馬鈴薯相比，印加的覺醒的味道更濃也更為甜美，所以用簡單的調味做成薯泥來添加上去。連同讓人感受到春天來訪的山菜一同裝盤，做出了可以感覺到傳統與季節感的一盤料理。

食譜在158頁

食譜在158頁

牛頰肉的調理程序

將紅酒和牛頰肉真空包裝

⌄

打烊後，放進組合模式、溫度70℃的蒸氣烤箱裡一直加熱到隔天。共計36小時

⌄

用急速冷卻機來將它急速冷卻。並以這個狀態來備料

⌄

將醃泡過牛頰肉的醃泡汁配上小牛高湯並煮乾，再用奶油來將它乳化，做成醬汁

⌄

將牛頰肉切成2cm厚，用平底鍋把兩面煎過

⌄

與印加的覺醒的薯泥、春季時蔬一起裝盤

香煎沾滿藜麥的竹節蝦
搭配竹節蝦義大利燉飯與花椰菜醬汁
Restaurant C'est bien　經營者兼主廚 清水崇充

56

創造出可以品味到
蝦子煎過與蝦肉
內部的對比口感，
是這道料理的特色

以處在竹節蝦生魚片的黏滑，以及在適度烹調之下的Q彈，這兩者的中間口感為印象，用蒸氣烤箱來加熱。用鐵串插入竹節蝦，將它拉直後真空包裝。放入60℃組合模式的蒸氣烤箱裡，直到中心溫度到達55℃為止。加熱之後用急速冷卻機將它急速冷卻。每次有人點餐時，就在竹節蝦的背後黏上煮過的藜麥，並用橄欖油把貼有藜麥的一面煎得酥脆，與竹節蝦義大利燉飯一起裝盤。藜麥面煎過的酥脆口感，以及竹節蝦確實烹調後的口感，還有義大利燉飯的配料中，完全煮熟的蝦子，這是計算到了3種蝦子口感的對比也可以成為品嚐樂趣的這點。在竹節蝦義大利燉飯上，增添雞高湯的鮮味與小番茄的酸甜，再加上花椰菜泥的甜味與鮮味，以及花椰菜切片口感不同的點綴。此外，容器還是有田燒的Kamachi陶舖中特製的。蔬菜則是採購自福岡的久保田農園。並留意著蔬菜的色彩與均衡。

食譜在158頁

竹節蝦的調理程序

用鐵串插進蝦子後真空包裝

∨

用組合模式、溫度60℃的蒸氣烤箱，
將中心溫度設定在55℃後加熱

∨

用急速冷卻機急速冷卻
（營業前的準備到此為止）

∨

每次有人點餐時就把煮好的藜麥
貼在蝦子的腹部，
並把有藜麥的一面用平底鍋煎過

∨

連同竹節蝦義大利燉飯一起裝盤，
並添上花椰菜的醬汁

那須牛後腰脊肉 真空低溫調理 薄切生肉風
Cucina Italiana Atelier Gastronomico **DA ISHIZAKI** 經營者兼主廚 **石崎幸雄**

配合有許多霜降的肉質以及肉的厚度，用稍低的溫度來加熱。最後階段補上香酥口感。

用蒸氣模式加熱牛後腰脊肉的溫度以約58℃為佳，雖然有這樣的說法，但因為使用的是有許多霜降的那須牛後腰脊肉，並且用厚度較薄的肉來調理，在嘗試過要調整到幾度之後，才決定了53℃蒸氣烤箱的溫度設定。由於想要表現出細緻的味道，所以用ph高的碳酸水來把肉浸泡過，泡出髒污之後，做成真空包裝放入蒸氣烤箱裡。供應前用80℃來隔水加熱，並用奶油迅速煎過呈現香酥口感。處於烤牛肉與牛排中間的味道及風味，就是這道菜的特色。搭配的蔬菜也是用蒸氣烤箱來加熱，馬鈴薯則是用奶油嫩煎之後裝盤。

食譜在 159 頁

燉蔬菜的調理程序

將胡蘿蔔、蘆筍、西葫蘆、蕪菁放入烤盤，淋上橄欖油、鹽、胡椒

∨

蓋上蓋子，放入組合模式、溫度100℃的蒸氣烤箱裡45分鐘

∨

取出後裝盤

後腰脊肉的調理程序

將牛後腰脊肉浸泡在碳酸水中。仔細去除水分，抹上鹽、砂糖後做成真空包裝

∨

放在開孔的烤盤上，放進蒸氣模式、溫度53℃的蒸氣烤箱裡80分鐘

∨

取出後用冰水急速冷卻

∨

供應前用80℃隔水加熱，加熱約2分鐘

∨

從真空包裝裡取出，用奶油煎過之後切開裝盤

連同抱子甘藍、綠花椰菜、番茄的香氣與風味一起，品嚐溫泉蛋和魚貝慕斯的滋味，擁有沙拉風格的一道菜。分別將抱子甘藍與綠花椰菜的濃湯、溫泉蛋、魚貝慕斯，用蒸氣烤箱來調理做成的一道菜。藉由用蒸氣烤箱的組合模式來加熱，不僅能製作出抱子甘藍淡淡的色彩，還可以每次都重現相同的抱子甘藍與綠花椰菜香氣。溫泉蛋也同樣是運用蒸氣烤箱，而得以每次都能做出相同的成品。

食譜在160頁

每次都能將控管纖細的蔬菜濃湯、溫泉蛋調理出相同的成品

將抱子甘藍泡在雞高湯裡，放進蒸氣模式、85℃的蒸氣烤箱裡50分鐘

∨

從蒸氣烤箱裡取出，加進綠花椰菜、鮮奶油和牛奶，放回相同設定的蒸氣烤箱裡25分鐘。

∨

放入攪拌機攪拌後過濾

在鍋裡把水煮開，等到64℃後放入雞蛋

∨

放進蒸氣模式、溫度64℃的蒸氣烤箱裡26分鐘

從蒸氣烤箱裡取出後，用冰水急速冷卻

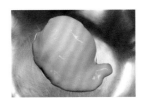

將鯛魚、帆立貝做成慕斯

∨

用保鮮膜捲起來做成圓筒狀，放進蒸氣模式、溫度85℃的蒸氣烤箱裡7分鐘

∨

從蒸氣烤箱裡取出後急速冷卻

將帶骨雞肉與雞胸肉烹調出各自的鮮味

用帶骨雞腿肉、雞胸肉,把香腸和起司捲起來,再用蒸氣烤箱真空低溫調理。為了配合帶骨雞腿肉、雞胸肉的肉質,加熱時間會有所差異。帶骨雞腿肉是用61℃的蒸氣模式加熱8個小時;雞胸肉則是用61℃的蒸氣模式加熱4個小時。藉由做成真空包裝之後再用蒸氣烤箱來低溫調理,而得以更好地呈現出名牌雞肉的鮮美。裝盤前直接以真空包裝來加熱,切開之後用橄欖油和奶油把單面煎過。這是為了增添焦香而做的潤飾。由於已經烹調過,很快就會烤焦,所以要用熱好的平底鍋一口氣把它煎好。

食譜在160頁

帶骨雞腿肉抹上鹽、香草以及橄欖油。
切開雞胸肉,把義式肉腸、
帕瑪森起司、麵包粉捲起來後,
用線綁起來

∨

將帶骨雞腿肉、捲起來的雞胸肉
分別做成真空包裝,放進蒸氣模式、
溫度61℃的蒸氣烤箱裡。
帶骨雞腿肉放8個小時,
雞胸肉則是放4個小時

∨

從蒸氣烤箱裡取出後用冰水急速冷卻

∨

供應前用80℃的熱水溫熱2〜3分鐘左右

∨

切開之後,用橄欖油和奶油把帶皮的
一面煎得金黃酥脆後裝盤

鮑魚、蘆筍

cenci 經營者兼主廚 坂本 健

思考著「想要在高溫加熱時，留住因肉汁滴出而失去的鮮味和香氣」，鮑魚用50℃蒸氣模式先加熱10分鐘後，再用68℃加熱5分鐘。目標是藉由短時間的加熱來留住風味，並帶來柔軟的口感。此外，由於相當適合結實的蔬菜，所以搭配上白蘆筍和鮑魚肝的醬汁。

鮑魚的肌肉中有10～30％是由膠原蛋白組成，開始加熱後15～30分鐘，膠原蛋白會急速膠質化而變得柔軟，因此才決定了現在的加熱時間。溫度是以中心溫度68℃為印象，為了不要因急遽的高溫而讓肉質變得僵硬，要分成2個階段來提高溫度。即使是加熱前的預先

處理，也為了不要讓鮑魚的肉質收縮而完全不進行清洗，是處理上的特色。製作出讓鮑魚能放鬆的環境，讓肉質不要因為死後而變僵硬是概念所在。雖然加熱時間短得讓人驚訝，但幾乎沒有肉汁流失，鮑魚的肉質也沒有收縮，左右晃動且富有彈性，柔軟得令人吃驚。儘管沒有用鹽拍打，恰到好處的鹹味與海岸的風味依舊撲鼻而來。

白蘆筍是用85℃的蒸氣模式加熱4分鐘，瞄準了熱呼呼的口感，最後則與鮑魚一起用平底鍋煎出香氣。

食譜在 161 頁

用２段式的溫度設定與短時間的蒸煮來調理，做出驚人的柔軟與濃厚的香味

鮑魚的調理程序

將活鮑魚放到鐵盤上，用蒸氣模式、溫度50℃、濕度100％的蒸氣烤箱蒸10分鐘

加熱10分鐘後。藉由低溫加熱讓它幾乎不出現滴落的肉汁，保持在稍微收縮的狀態下就不再變動。

∨

將溫度提高到68℃蒸5分鐘

最難蒸熟的干貝部分，如果可以輕鬆刺入鐵串的話，就是已經煮熟的證明。

∨

用急速冷卻機去除餘熱

∨

將殼與肝去除，清洗鮑魚肉的表面。放在烹飪加熱燈下，讓中心溫度保持在40℃

以菜刀刀尖稍微進入的程度，把肉從殼上分離。肝也是弄成能用手剝下來的程度。

∨

將肝真空包裝，用蒸氣模式、溫度100℃、濕度100％的蒸氣烤箱加熱20分鐘。用鍋子加熱後做成糊狀。加入奶油做成醬汁

白蘆筍的調理程序

剝掉白蘆筍的皮，用蒸氣模式、溫度85℃、濕度100％的蒸氣烤箱加熱4分鐘

外觀雖然還很新鮮，但如果彎曲時柔韌又有彈力，就可以知道中間已經煮熟了。

∨

用急速冷卻機來去除餘熱

最後階段的程序

用開中火的平底鍋煎鮑魚和白蘆筍

∨

與肝的醬汁、山椒嫩葉一起裝盤

加熱後的鮑魚切面。肉質並沒有萎縮，從外觀就能看出它的柔軟。

用細緻的溫度凸顯
蕪菁的甘甜，
為京都的冬季經典
料理帶來衝擊力

以義大利料理的方式，來開展出京都的冬季風情——金目鯛與聖護院蕪菁的組合。

原本「蒸蕪菁」是用蒸籠來製作，但在得知用蒸氣烤箱加熱蛋白霜，並搭配水果醬來食用的法國甜點「漂浮之島」後，便以在蛋白霜裡加入蕪菁泥的漂浮之島為印象，用蒸氣烤箱來進行調理。由於溫度越高加熱就越是確實，而使得雞蛋的香味也變得更為強烈，因此溫度設定降至煮熟雞蛋的85℃，來突顯出蕪菁的香味。

在結構上取得了與軟綿綿舒芙蕾的平衡口感，為了凸顯味道，用鹽拍打金目鯛來將它收緊，讓味道濃縮起來後炙烤。為了搭配這些日本料理的素材，加入了與甜的素材搭配良好的黑松露，落實為一道義大利料理，再配上國產黑米與糯米做成的米飯，增添了富有彈性、Q彈的口感。

入口即化、蕪菁的甜味在嘴裡散開的蛋白霜，配上肥美的金目鯛、帶有韻律的米飯，有鮮味的湯浸透進身體裡，松露則帶來了餘韻。可說是把大家都喜愛的京都素材搭配變形之後，帶來衝擊力的一道菜。

食譜在161頁

蕪菁舒芙蕾的調理程序

用攪拌機把剝皮後的聖護院蕪菁打成泥，加入鹽與增粘劑再度攪拌

攪拌到變成扎實且光滑的狀態

$\vee$

將蛋白與海藻糖打成十分發泡的蛋白霜

$\vee$

快速將蛋白霜拌入蕪菁泥裡

因為節制了海藻糖的量，蛋白會迅速消泡，所以要盡快攪拌。

$\vee$

倒進容器裡，用蒸氣模式、溫度85℃、濕度100%的蒸氣烤箱加熱20分鐘

將蛋白好好加熱的同時，以軟綿綿的口感為目標。

$\vee$

將黑米與糯米做成的飯裝進容器裡，擺上帶皮面炙烤過的金目鯛

「只是拍打上鹽的話，鹽會被湯沖掉，就會無法保證味道」，因為有這種想法，所以把金目鯛跟鹽一起做成真空包裝來讓它入味。

$\vee$

倒入金目鯛的魚高湯，用黑松露裝飾

67

用滴落的肉汁
來蒸，讓香味循環。
乾燥後再將它煎過，
增添了香酥口感

與生產者有著親密的交情，迷戀今歸仁阿古豬所擁有的甘美與凝鍊滋味的坂本主廚。將豬肉的魅力引出，開發出在套餐料理中，緊接在「蕪菁、金目鯛、黑松露」之後供應的「沒有湯汁的料理」。

將煎過帶皮面的豬肉做成真空包裝，運用豬肉蛋白質膠質化的溫度與時間，以90℃的蒸氣模式加熱90分鐘。利用豬肉滴出的肉汁水分來蒸，藉此讓香氣循環，充分運用了豬肉的風味。接著為了凝聚味道、在表面做出香酥口感，用95℃、濕度0%的烤箱模式加熱15～20分鐘。使用調節風門的功能，則是為了排除從豬肉跑出來的水分，讓整塊肉乾燥的緣故。因為烤箱內沒有水分，熱量較難傳導至豬肉上，因此把想像中的90℃溫度再提高個5℃來加熱。

次要素材則是搭配上當季、與豬肉絕配的竹筍，為了抹除烤豬肉的風味＝中華口味的印象，而搭配上了起司的乳脂肪成分。強烈凝聚的豬肉香氣、油菜花的苦味與黑蒜頭的濃郁，以及鮮美的起司，用烤得熱呼呼的竹筍來將它們統合起來。

食譜在162頁

豬五花肉的調理程序

將鹽撒在豬五花肉的肉塊上，
做成真空包裝冷藏1整天

∨

用平底鍋把帶皮面煎過之後真空包裝

∨

用蒸氣模式、溫度90℃、濕度100%的
蒸氣烤箱加熱90分鐘

用豬肉本身滴出來的水分來蒸，讓豬肉的香味把整塊肉圍繞起來的感覺。

∨

從包裝內取出後擺到網子上，
用烤箱模式、溫度95℃、
濕度0%並打開調節風門的蒸氣烤箱加熱
15～20分鐘

烤好的狀態。表面已經乾燥，整體都烤出了顏色，飄散出陣陣豬肉的香氣。

∨

將厚切且兩面都煎過的竹筍、
拌上黑蒜頭醬的油菜花、
起司一起裝盤，
滴上少量的EXV.橄欖油。

兔肉處理好之後夾入蒜頭，
用風箏線綁起來，撒上鹽、胡椒

∨

將兔肉、蔬菜、香草植物、橄欖油和
白葡萄酒做成真空包裝

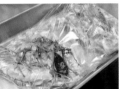

用少量的40g橄欖油、30ml葡萄酒來浸泡。

∨

放入蒸氣模式、溫度100℃、蒸氣量100%
的蒸氣烤箱中層1個小時

同店的烤箱以中層
為最高溫。根據烤
箱的特性，改變設
定溫度就沒問題。

∨

將兔身切開，把各部位一點一點地分成
幾份

∨

與葉菜類、義大利香醋、橄欖油一起
裝盤

用蒸氣烤箱
讓古典的料理
變得更有效率。
做出保留肉質
咬勁的成品

皮埃蒙特州的鄉土料理「Tonno di coni-glio」，直接翻譯的話就是「兔子做的鮪魚」。據堀江主廚所說，「雖然說是鮪魚，但其實是用油醃漬的金槍魚罐頭。是因為覺得濕潤的肉質很相似吧！」古典的手法是把整個煮過的兔子切開後，泡進橄欖油裡醃漬，但堀江主廚將它構造分解後，創造出了新的調理方式。

首先是把兔肉與油一起做成真空包。由於真空油漬用低溫加熱的話，肉會變得鬆鬆散散而崩落，所以用100℃這種溫度稍高的蒸氣烤箱烤1個小時，一邊加熱一邊把香草植物類的香氣轉移到肉上。煮過之後肉的味道會變淡，肉質也會變得柴柴的，但主廚認為，若是用這個方法的話，可以說是「不損害它的咬勁，還讓它帶有鮮味」。

而且，相對於使用大量橄欖油的古典手法，所使用的油量是只有身體一半的40g。即使加上真空袋的費用，依然可以削減成本。更重要的是，只需一道程序就能完工，這是最大的優點。

使用的是匈牙利產、放養的兔子。將各部位裝盤起來，再添上花10年熟成的義大利香醋。雖然簡單卻又與家庭料理劃清界線，是屬於餐廳水準的一道料理。

食譜在162頁

豬油捲鮟鱇魚

RISTORANTE i-lunga　經營者兼主廚 堀江純一郎

為淡薄的鮟鱇魚補上油脂成分，用低溫加熱讓它充分入味

理論派的堀江主廚，時常留意按照蛋白質凝固的溫度來烹調。鮟鱇魚是用68℃的烤箱來把中心溫度加熱到58℃。這是由於如果超過了60℃，肉質就會變硬的緣故。而另一方面，如果用高溫加熱的話，熔點低的豬油就會融化掉。正因為是可以用1℃為單位來細膩烹調的蒸氣烤箱，才能以絕妙的狀態來讓豬油與鮟鱇魚的味道調和。

由於在低溫調理下，水分不會凝結，因此堀江主廚認為「正是用蒸氣烤箱的低溫調理，才能把水分多的鮟鱇魚烤出濕潤的口感」。「如果熱騰騰的話就嚐不出味道。所以才採用了不冷不熱、微溫這種日本沒有的概念呢」，最後再把表面煎過之後就完成了。

放進嘴裡，感受到濕潤的同時，緊緻的魚肉在口中散開。添上用檸檬加上魚皮和魚肝做成的爽口魚凍，讓人見識到充分引出的鮟鱇魚美味。

食譜在163頁

鮟鱇魚的調理程序

將一面鮟鱇魚切成一半，
中間撒上香草植物、檸檬果皮、
鹽、胡椒後闔起來

∨

將豬脂肪鋪在保鮮膜上，把鮟鱇魚
包住後捲起來，
再包上一層鋁箔紙

∨

用烤箱模式、溫度68℃的蒸氣烤箱加熱
到中心溫度到達58℃為止

為了儘可能地保持
水分，用保鮮膜和
鋁箔紙雙重包覆。

∨

用平底鍋把表面煎過之後稍微溫熱

∨

將乾燥番茄和松仁做的醬、鮟鱇魚皮和
魚肝的法式肉凍[※46]、葉菜類裝盤

※46：原文為Terrine，指一種陶土製的長型罐子，後來衍生為裝在陶土器皿內的食物都成為Terrine。常見的有肥肝醬、肉醬或蔬菜泥等等。

香草醬
RISTORANTE i-lunga　經營者兼主廚 堀江純一郎

運用穩定的加熱，
即使不攪拌
也能做出均勻的
黏稠感

身為基礎甜點醬汁的香草醬，是一種不加入麵粉的卡士達醬。由於蛋黃如果加熱過頭，會分離出來而變成麵糰塊，所以製作時必須一直守在旁邊。

「也有教導員工如何用鍋子製作。放在火上持續攪拌，並且不錯過到達84～86℃的瞬間，再將它急速冷卻。雖然用鍋子製作會比較快，但蒸氣烤箱的溫度穩定，可以減少勞力」

只需要將蛋黃和砂糖混合之後，再把所有材料裝入真空袋、放入蒸氣烤箱即可。可以輕鬆製作出香草醬，簡直簡單到令人掃興。只不過，會因為餘熱而分離這點與手工作業時是一樣的，所以必須要準備好馬上就能用於急速冷卻的冰鎮準備。

堀江主廚的調配較為清淡，帶有明確的香草與檸檬的滋味。由於是採用密封，所以不使用牛奶而是採用鮮奶油。不管搭配巧克力還是起司都很適合，是萬用的香草醬。

食譜在163頁

香草醬的調理程序

將蛋黃、細砂糖攪拌到變成一片白為止

∨

加入香草、檸檬果皮、鮮奶油後
迅速攪拌

∨

做成真空包裝

∨

擺到鐵盤上，放進蒸氣模式、
溫度90℃、蒸氣量100%的蒸氣烤箱裡
25分鐘

由於用真空袋所以水分不會蒸發，因此不用牛奶而是使用鮮奶油來調節濃度。

∨

用冰鎮來急速冷卻，冷卻之後過濾

∨

跟烤甜點、水果一起裝盤

蛋黃凝固之後會慢慢變稠。只要正確遵守分量與時間並急速冷卻的話，就不用擔心會分離。

保有恰到好處
水分的同時，
把蔬菜與貝類
烤得香酥

用蒸氣烤箱來重現Stufato這種用鑄鐵鍋製作的義式燜料理。使用蒸氣烤箱，在牛角蛤的殼上疊上3種貝類與7種蔬菜來蒸。在重疊的順序安排上，設想到了煮熟的程度不同，以及香氣的一致性。這是活用了即使素材重疊，也可以均勻加熱的蒸氣烤箱優點的一道料理。

設定上是用組合模式、溫度230℃、水蒸氣量50%。在保有恰到好處水分的同時，把蔬菜烤出香酥口感。並用蒸氣的話，就能做到均一的烹調，所以能夠在引出蔬菜各自鮮味的同時將它烤好。

使用的貝類是每天早上主廚親自前往築地，用雙眼確認之後採購的，新鮮的蔬菜類也是盡可能不多做加工，特意進行簡單的調理，引出素材的優點。

鹽是產自越南乂安產，非常適合這道料理。因為是帶有海岸氣味的鹽巴，做出了與蔬菜類及貝類取得和諧的一盤料理。

將蔬菜類擺在牛角蛤上烹調之後，一次一人份分開裝盤。器皿則是使用了清水大介大師的清水燒。

食譜在 164 頁

Stufato的調理程序

在牛角蛤的貝殼上，擺上蔬菜與貝類，撒上鹽、橄欖油

∨

用組合模式、溫度230℃、水蒸氣量50%的蒸氣烤箱加熱10分鐘

∨

裝盤

※47：又名蓚、蓚蕪。有豐富的維他命A、維他命C及草酸，因為草酸而讓酸模吃起來帶有酸味，常用於調味上。

消除鱸魚腥味的同時，做出口感濕潤的料理

這是一道春季料理。寬花鱸是用85℃蒸氣模式的蒸氣烤箱烤5～6分鐘，在讓它不會乾透的情況下來進行烹調。這是立基於鱸魚用低溫來加熱可以克服臭味的特點，以及魚肉蛋白質凝固溫度的溫度設定。

從京都送來的7種色彩鮮艷的新鮮蔬菜，為了讓人可以享受蔬菜的口感，並且避免讓味道變淡，在切絲之後不泡水。為了讓人直接品嚐到蔬菜原本的美味和新鮮，特意選擇了簡單的調理法，並且只用鹽以及橄欖油的單純調味來做襯托。橄欖油是西西里島產的 EXV. 橄欖油。用來搭配的粉紅色水稻醬汁，以及擬作大地的烏賊墨風味庫斯庫斯，也都是用蒸氣烤箱製作的。

用清淡、調味單純的蔬菜，更進一步襯托出柔軟且溫和的寬花鱸鮮味，做出凸顯了素材優點的一盤菜。蔬菜的色彩相當鮮豔，讓人感覺到春季的來訪。並將它裝盛在信樂燒名人谷直人大師所製作，帶有出色裂紋圖樣的器皿上。

食譜在164頁

寬花鱸的調理程序

在寬花鱸的魚肉側稍微撒點鹽

∨

將帶皮面朝上，放在鐵盤的網子上，上面擺放紅皮蘿蔔、五寸胡蘿蔔※48絲，撒上鹽、EXV.橄欖油

∨

用蒸氣烤箱、溫度85℃的蒸氣烤箱加熱5分鐘

∨

與水稻的醬汁、烏賊墨風味的庫斯庫斯一起裝盤

※48：胡蘿蔔分為中國改良並於16世紀傳到日本東洋系胡蘿蔔，以及江戶時代末期（約19世紀）傳到日本的西洋胡蘿蔔。東洋系以金時胡蘿蔔為代表，顏色為紅色，甜味較強且胡蘿蔔特有的味道較淡，由於在京料理中經常用到，也被稱為京胡蘿蔔。西洋系則以五寸胡蘿蔔為常見的品種，顏色偏橘色並含有豐富的β胡蘿蔔素。

留住乾式熟成豬肉的鮮味，不把肉乾燥並採用3段式的加熱

乾式熟成的豬肉，換言之，就是去掉肉的水分，執著於濃縮鮮味的豬肉。使用的部位是豬肩三角肉（又稱為栗子[50]）。為了不要浪費乾式熟成後的鮮味，運用蒸氣烤箱，不將它乾燥並進行加熱，之後放置在溫暖的場所，用餘熱來提高中心溫度，最後再用炭火去除多餘油脂，同時烤出香酥口感。一邊淋上義大利香醋醬一邊燒烤，讓表面變得酥脆。留住了紮實咬勁的同時，如果細細咀嚼的話，不僅非常多汁，還可以品嚐到綿延不斷的炭火燻香，讓肥肉與肉的鮮味合為一體。

添加的竹筍，是簡單用烤箱烘烤過，搭配上山椒青醬和山菜，做出一道連同色彩一起感受春季的料理。店名 erba da nakahigashi 中的 Erba 就是「草」的意思。盤子上還搭配了薤白（一種山菜），是一盤讓人聯想到店名的料理。

食譜在 165 頁

豬肉的調理程序

肥肉的部分以格子狀深深劃開，稍微撒點鹽

∨

用烤箱模式、溫度80℃的蒸氣烤箱，將中心溫度設定在56.5℃來加熱

∨

放置在約40℃的溫熱場所

∨

肥肉部分朝下用炭火燒烤

∨

重新插入鐵串，一邊淋上義大利香醋醬，一邊把兩面都烤過

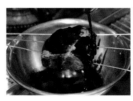 

∨

切開之後，與山椒青醬、烘烤過的竹筍等一起裝盤

※50：是一塊鄰接肩胛骨下方的肉與肩肉的部位，因為形狀很像栗子，所以被稱為くり（Kuri，也就是栗子的意思）。

> 讓雞蛋做成的
> 外衣與半熟蛋
> 合為一體，極
> 微妙的火侯調整

這是一道溫製的前菜。是主廚在西班牙進修時學會的料理。外側是有如舒芙蕾一般，由整顆雞蛋與蛋黃做成的外衣。切開後，黏稠的半熟蛋黃便向外流出。材料就只有整顆雞蛋與蛋黃。雖然是極為簡單的材料，但外在與內部微妙的口感差異，是運用了不同的溫度所達成，讓人感受到雞蛋味道的深度的一道料理。

外側的外衣部分是用 69℃ 蒸氣模式來加熱。加熱成處於液態和固態中間，像是卡士達

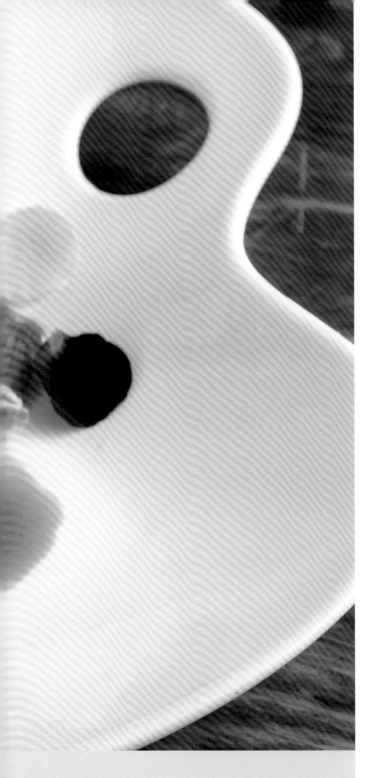

整顆雞蛋與蛋黃混合後做成真空包裝

∨

放入蒸氣模式、溫度69℃的蒸氣烤箱裡
35分鐘

∨

用冰水急速冷卻

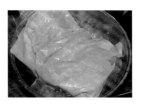

∨

在圓形模具裡鋪上一層保鮮膜，
倒入用蒸氣蒸過的蛋汁直到半滿

∨

放入蛋黃之後，再從上面倒入用蒸氣
蒸過的蛋汁並鋪平

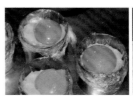 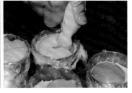

∨

蓋上保鮮膜，放入蒸氣模式、溫度90℃
的蒸氣烤箱裡8分鐘～10分鐘

∨

與生火腿和用蒸氣蒸過的西葫蘆等一起
裝盤

奶油的硬度。在圓形模具中將它與生蛋黃搭在一起，將整體以90℃的蒸氣模式來加熱。因為先加熱過的雞蛋外衣與生蛋黃的煮熟的程度不同，形成了外側與內部的蛋黃差異。

西葫蘆是切片後排放在紙巾上，用蒸氣模式加熱後，再配上橄欖油而成。最後添上燻製後的紅椒粉醬汁，以及馬鈴薯泥的分子泡沫。

食譜在165頁

烤帶骨雞腿肉
3BEBES　經營者兼主廚 平野恭譽

84

備料時保有雞肉的多汁，有人點餐時就把它煎得酥酥脆脆

將帶骨雞腿肉連同柑橘類的清爽風味一起烹調出多汁口感，再配上有酸味的爽口醬汁。帶骨雞腿肉與橘子皮、檸檬皮、干邑白蘭地等一起做成真空包裝。由於此時肉會變硬，所以不搭配鹽。放進67℃蒸氣模式的蒸氣烤箱裡6～8小時。

一邊查看帶骨雞肉的狀態一邊調整火侯。拿出來後馬上用冰水冷卻。營業中，則是用64℃恆溫水槽來保溫，在供應之前，再用橄欖油把表面煎得恰到好處。特別是把帶皮的那一面煎到香酥可口後裝盤。

醬汁是把醃漬過甜椒的甜椒醬，與洋蔥、蒜頭、百里香一起炒過之後，用白酒醋和鹽來調味而成。

食譜在166頁

雞腿肉的調理程序

將雞腿肉與辛香料、干邑白蘭地一起做成真空包裝

∨

放進蒸氣模式、溫度67℃的蒸氣烤箱裡6～8小時

∨

用冰水急速冷卻

∨

營業中放入64℃的恆溫水槽中

∨

每當有人點餐，就用橄欖油把表面煎得香酥可口

∨

將甜椒醬與洋蔥、蒜頭、百里香等一起炒過之後淋上

油封伊比利亞豬舌

3BEBES　經營者兼主廚 平野恭譽

讓豬舌濕潤
且帶有香草植物的風味，
烹調得容易入口、
帶有咬勁

將用短時間加熱往往會變得太硬的豬舌，在留住它的咬勁的同時，做出濕潤的口感。把百里香、月桂葉、黑胡椒、橄欖油以及豬舌做成真空包裝，放入70℃蒸氣模式的蒸氣烤箱裡12個小時。拿出來後放入冰水裡確實冷卻。

切成有咬勁的厚度，並擺上草莓沙拉。草莓沙拉是用油封豬舌時袋子裡剩餘的肉凍，搭配義大利香醋、橄欖油、鹽來當沙拉醬。配上無花果沙拉也非常適合。添加用湯汁泡開的橡子粉糊，來搭配伊比利亞豬舌。

食譜在 166 頁

食譜在 166 頁

伊比利亞豬舌的調理程序

將伊比利亞豬舌連同橘子皮、辛香料、橄欖油一起做成真空包裝

∨

放進蒸氣模式、溫度70℃的蒸氣烤箱裡12個小時

∨

放入冰水裡急速冷卻

∨

切片，撒上粗鹽，與草莓沙拉和橡子糊等一起裝盤

肥鴨肝質感

由蒸氣所產生的

仍非常鮮嫩，

富含脂肪的同時，

本多主廚認為，只是用平底鍋香煎過的肥鴨肝，在脂肪分離流失之後，食用時會有讓人感到濃膩的情況。於是利用了蒸氣烤箱的蒸氣功能，讓脂肪與蛋白質有如乳化一般而有一體感，並且不過於強烈，做成像是豆腐一樣柔軟的布丁，產生出鮮嫩的質感。

肥鴨肝是以嫩煎為印象，香煎補足香酥口感之後，用90℃的蒸氣模式加熱3～3分半鐘。配合個別的肉質差異，加熱的時間會有所調整。由於油脂在43℃就會開始流出，重點是在到達43℃之前，用蒸氣來平穩加熱。由於在營業中用蒸籠維持這個溫度與蒸氣量幾乎不可能，因此可以說是只有蒸氣烤箱才能辦得到的手法。

配菜和醬汁所選擇的，果然還是與肥鴨肝的甜味具有親和性、甜味較強的金時胡蘿蔔。有效活用胡蘿蔔的紅色，以幾何學的方式把素材擺盤，讓標準的嫩煎料理搖身一變成為時尚的前菜。

食譜在167頁

食譜在167頁

肥鴨肝的調理程序

將冰冷的肥肝撒上鹽、胡椒

肥鴨肝一定要在冰冷的狀態下來使用，這可以防止接下來用平底鍋的加熱程序中，溫度的急遽上升。

∨

兩面都用平底鍋煎出漂亮的顏色

∨

放置一會，讓中心部位恢復到常溫

∨

擺在托盤上，放進蒸氣模式、溫度90℃、濕度100%、風量1/2的蒸氣烤箱裡3分～3分30秒

∨

切半後，與金時胡蘿蔔的海綿蛋糕、金時胡蘿蔔的沙拉醬、雪利酒醋的果凍、煮過的金時胡蘿蔔一起裝盤

外側是金黃香酥，鎖住油脂的內側則富有彈性且柔軟、濕潤，充滿光澤。

烤箱烘烤帶骨鰈魚※51
ZURRIOLA　主廚 本多誠一

※51：學名為亞洲油鰈，俗名油扁、小嘴、泡鰈。

帶骨直接加濕調理，重現當地魚肉的正宗滋味

在西班牙經常會食用鱈魚或是相似的魚種，比起日本能取得的魚種，似乎擁有更豐富的膠質和脂肪，魚肉也更有彈性。此外，這類魚經常直接帶骨調理，即使是單純用烤箱烤過或是嫩煎，都可以不讓魚肉收縮而烤得多汁可口。以這種當地魚肉正宗的味道為目標，將青森縣產的鰈魚加濕之後再用烤箱來調理。不流失魚肉的鮮味，烤出濕潤的口感，引出了要爆裂一般的彈力。為了讓魚身不要收緊變得太硬，溫度是以對任何魚來說都不會太高的160℃為基準。濕度則根據每種魚的水分量、肌肉量、肉質，從30、40、50%中推導出適合的數值。將鰈魚連同40%的蒸氣一起溫和的加熱之後，放置在溫暖的場所約5分鐘，讓滿含的肉汁散開。帶骨的情況下，也和魚肉一樣放置，可以獲得讓肉汁穩定下來的效果。不使用中心溫度計，所有的魚都是由本多主廚取出後，看清楚魚肉的質與狀態，並根據這些來進行設定上的微調整。

添增把膠質豐富的魚高湯乳化的巴斯克地區特有的 Pil Pil 醬[52]。以魚貝類為主角的巴斯克鄉土滋味，並由主廚獨特的格調以及蒸氣烤箱的調理，重新建構出新式的西班牙料理。

食譜在167頁

鰈魚的調理程序

鰈魚帶骨直接切成肉塊。
淋上高濃度的鹽水，放5分鐘讓它滲透。
再次淋上鹽水，並淋上橄欖油

∨

放到托盤上，放進組合模式、溫度160℃、濕度40%、風量100%的蒸氣烤箱裡4～6分鐘

鹽水也有引出彈力的效果，加熱後會變得緊繃且豐滿有彈性，約為8～9分熟。

∨

放置一陣子，讓餘熱浸透進去

∨

去除骨頭後，將它恢復到原本的形狀

∨

用烤箱溫熱，連同Pil Pil醬、炒日本水菜以及番茄一起裝盤

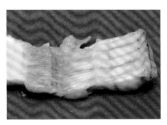

骨頭周圍以及邊緣下方的膠質部分也是美味的重點。細心地將它保留下來並去除骨頭。

※52：Pil Pil醬是由巴斯克地區的漁夫發明，當地漁夫捕到魚後在船上烹煮，醬料和魚因船身左右晃動而合為一體。做法是將浸泡掉鹽分的魚肉放在鍋裡，加入橄欖油、大蒜、辣椒，一邊用小火烹調一邊搖晃鍋子，讓橄欖油和魚肉本身的膠質慢慢結合而製成。

藉由２段式加熱，將分離出來的水分焦糖化，製作出２種口感

約10年前由西班牙的料理人傳授、並讓主廚感受到衝擊的這道蛋白霜，是用蛋白與蜂蜜水1比1的比率製作，水的分量相當地多。由於用攪拌機半強迫地將它打發後，一開始會用100℃的低溫來加熱，期間會導致蜂蜜水分離出去，而一點一點地沉積在底部。可是從中途開始提升到120℃之後，分離就會停止，並讓直面天板烤盤[※53]的底部部分焦糖化，最後底部會變得脆脆的，又硬又香酥，如此一來整個外衣相當清脆，且稍微有種麩菓子[※54]感覺的蛋白霜就完成了。在水裡加入香草植物或果皮來增添風味，或是用橘子類的果汁來取代水，變化就會更加豐富。要注意的是，不要讓輕輕的外衣在烤箱裡被吹跑，必須極力減低風量。此外，由於是纖細的外衣，所以並不適合濕度很高的夏天。

添上迷迭香風味的冰淇淋、優格與橄欖油的醬汁，融入清爽的香氣與多樣的口感，是以吹拂著海風、早春的西班牙海岸為印象的一道清爽的料理。

食譜在168頁

蛋白霜的調理程序

將蜂蜜煮沸。
加水，做成與蛋白同等分量

∨

將蜂蜜水加入蛋白裡，確實打發

∨

捏成一團，排列在烘培墊上

∨

用烤箱模式、溫度100℃、風量1/2的蒸氣烤箱加熱40分鐘

∨

將溫度提升到120℃，再進一步加熱40分鐘

底面邊緣部分主要是烤出褐色焦痕的香酥口感。與過去蛋白霜相異的獨特口感成為了特色

∨

與迷迭香的冰淇淋、優格、橄欖油醬汁等一起裝盤

※53：天板烤盤是一種中間較深的烤盤，多用於烤麵包，偶爾也用於烤甜點上。為烤箱最常使用的烤盤種類。
※54：用麩來製作的一種日式甜點。麩就是台灣俗稱的麵筋。

南瓜麴冰淇淋

京料理 木乃婦　代表董事 高橋拓兒

以微妙的溫度區間長時間加熱，利用長發酵引出甜味

「澱粉能糖化到何種地步呢？如果能把澱粉無限制地轉變成糖的話，那就毫無疑問會非常的甜」，因為有著這樣的想法，並想到了把澱粉變成糖的「麴」，而開發出這種引出澱粉食材甜味的手法。只要活用麴菌並配上α化[55]的澱粉的話，就會發酵而開始糖化，以這種假說為基礎，調查出了雜菌不會繁殖，而只讓麴菌活性化的溫度區間與時間，定出了用「60℃、10個小時」來加熱。可以維持在60℃這種微妙的溫度區間並長時間加熱，此外這個過程又適合有濕氣的環境，因此利用了蒸氣烤箱的蒸氣模式。

首先在殺菌過的容器中，把沸騰之後又降到70℃的熱水與乾燥麴混合，製作出60℃的麴。然後再用100℃蒸氣模式加熱40分鐘，把澱粉α化的熱騰騰南瓜疊在麴上，放進蒸氣烤箱裡。製作出不讓雜菌繁殖的環境，以及用60℃來烘烤素材非常重要，需要特別留心注意。加熱後，麴菌會把澱粉糖化（分解成葡萄糖），一部分會水解變成水水的麴，呈現出滲透進南瓜裡的狀態。醃漬在這種水分裡面10天將會更添風味。

最後倒入冰淇淋機裡將它過濾，並添上蕨餅來供應。南瓜直接的味道，以及濃厚且天然的甜味迴響著。清爽的餘韻也是它的特色。

食譜在168頁

南瓜的調理程序

將南瓜皮等去除之後切成適當大小，用蒸氣模式、溫度100℃、濕度100%的蒸氣烤箱加熱40分鐘

⌄

將水煮沸殺菌後，再降低到70℃

⌄

將乾燥麴放入殺菌過的容器裡，配上70℃的熱水讓它變成60℃

⌄

在鐵盤上，依麴、紗布、蒸南瓜、紗布、麴的順序堆疊起來後，覆蓋保鮮膜

加熱前。鋪上紗布是為了讓它之後比較好取出。

⌄

用蒸氣模式、溫度60℃、濕度100%的蒸氣烤箱加熱10個小時

加熱後的南瓜會有點像橘子一樣，飄散著酯類的氣味。

⌄

用急速冷卻機急速冷卻，冷卻後，連同鐵盤一起放進冰箱裡放置10天

⌄

拿出南瓜，放進冰淇淋機之後過濾

⌄

與蕨餅、黑蜜[56]一起裝盤

※55：澱粉α化就是指澱粉糊化，讓澱粉的植物氣味消失，轉變為滑順適合食用的狀態。
※56：日本的黑蜜就是指糖水。

丸庵紙鍋特製魚翅與加茂茄子
京料理 木乃婦　代表董事 高橋拓兒

用蒸氣烤箱
長時間燜過，
將味道煮透，
並做出美麗的成品

作為宴席套餐的主餐來供應的一道小鍋特製料理。把一眼就能看出是高級食材的魚翅做成日本料理，組合鱉湯以及夏季正對時的加茂茄子，開發出盛夏的精力料理。

為了搭配味道細膩的湯，徹底除去魚翅特有的氨臭，浸泡在酒與香味蔬菜中，用100℃的蒸氣烤箱加熱1小時30分鐘。接著配上使用了金華火腿、帶有鮮味的湯頭，再度加熱1小時30分鐘。相較於直接加熱那種會讓水分產生對流的形勢來煮爛的做法，用蒸氣烤箱來燜可以做出美觀的成品，也不會有味道煮得過濃的問題，因此選用了蒸氣烤箱。鍋子邊緣的焦痕會表現出圓鍋特有的香氣，所以最後再以平底鍋將魚翅表面煎過，直到邊緣變得微焦。

即使是在經常使用魚翅的中國本土，近來也是自魚翅名產地的氣仙沼進行採購。因此對於日本的食材被稱作中國食材感到疑惑，才將它使用在日本料理上，來強調這是屬於日本的食材，這道菜傾注了高橋先生的想法。

食譜在 169 頁

魚翅的調理程序

將魚翅浸泡進熱水裡的同時，
徹底去除白色的脂肪部分

去除脂肪前的狀態。將正前方邊緣的白色部分，用湯匙把它挖掉清理乾淨。

▽

連同水、酒、蔥、薑一起包上保鮮膜，
用蒸氣模式、溫度100℃、濕度100%的
蒸氣烤箱加熱1小時30分鐘

先用香味蔬菜和酒把苦味去除。

▽

泡水

▽

連同酒、金華火腿的湯、淡味醬油、味醂
一起用蒸氣模式、溫度100℃、濕度
100%的蒸氣烤箱加熱1小時30分鐘

泡在充滿鮮味的湯頭中讓它入味。

用急速冷卻機急速冷卻

▽

在平底鍋裡倒入一層太白胡麻油，將魚
翅兩面都煎到邊緣稍微有點焦的程度

▽

疊在炸過並炙燒過的加茂茄子上裝盤，
倒入鱉的高湯，添上薑和蔥

勾芡牛肉、海膽

京料理 木乃婦 代表董事 高橋拓兒

考量到熔點的溫度，並且運用從日本料理中推導出來的乾燥後再烤過的手法，讓它得以匹敵熟成過的肉

知道A5等級的牛肉瘦肉味道較淡，為了讓瘦肉的味道變濃，構想出類似去除水分再油炸的沙鮻天婦羅那樣先脫水後再來調理的方式，推導出用烤箱模式乾燥過後再來烤的做法。接著，還考慮到牛肉最低熔點的40℃，以接近熔點的溫度燒烤，不讓它產生滴落的肉汁，在鎖住鮮味的同時，為了藉由接近熔點的溫度，來讓成品的口感更好，而設定了40℃的中心溫度。運用比牛的體溫（38～39℃）更高的55℃來加熱，加熱35～40分鐘直到中心溫度到達40℃為止。

燒烤中幾乎沒有肉汁滴落，頂多只有幾滴油脂的程度。用蒸氣烤箱調理後，再用高溫的炭火把表面稍微烤過，藉由美拉德反應讓整塊肉帶有香酥風味。藉由這種做法，表面溫度也會提升到約60℃，而掩蓋過低溫調理出來不冷不熱的缺點。理想的成品在切面上，完全煮熟的灰褐色部分僅有約表面1mm左右，其餘幾乎都呈玫瑰色。味道則是充滿牛脂肪酸化後，像是堅果一般的獨特風味，就像已經熟成的肉一樣，讓人非常吃驚。淋上柚子醋[57]的芡汁，擺上海膽，統整成一道日本料理。

食譜在169頁

牛腰內肉的調理程序

將牛肉厚切，兩面分別浸泡幽庵地醬汁[58]25分鐘

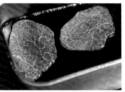

↓

串上鐵串，用烤箱模式、溫度55℃、濕度0%的蒸氣烤箱，加熱到中心溫度到達40℃為止，並讓表面乾燥

燒烤中幾乎不會有肉汁滴落（照片左）。烤好之後，表面變得乾巴巴。呈現出混濁的咖啡色（照片右）。

↓

生起900℃的炭火，用扇子一邊搧風，一邊迅速地火烤，把肉的邊緣烤到變得微焦且酥脆

將整個表面烤成香酥可口直到邊緣變得微焦為止，讓它產生美拉德反應。

↓

切除全部的稜角後切開

↓

與海膽、芡汁、細香蔥一起裝盤，並添上日本芥末

以靠近表面、完全煮熟的灰褐色部分極薄，玫瑰色的面積擴展至整個切面最為理想。

※57：又稱橙醋、酸橘醋或桔醋。在台灣也稱為和風醬、和風沙拉醬。
※58：由江戶時代的美食家，北村祐庵（堅田幽庵）所創造的醬汁。以醬油、酒、味醂1：1：1來製作。

以細膩的溫度管理，穩定地供應有如舒芙蕾一般的輕快舌尖觸感

以有著濕潤、鬆軟口感，並帶有魚漿鮮味的厚燒雞蛋為印象來進行開發。為了採用更加縝密的溫度管理，也為了追求效率化，從2010年起便以蒸氣烤箱來調理。可以放入蒸氣烤箱的木製模具，也是特別訂製的。

以鬆鬆軟軟的外衣口感為目標，將魚漿、蛋黃以及砂糖搭配起來，並且加入蛋白霜，採用蛋白、蛋黃分別來製作的做法。此外，為了做出濕潤的口感，使用了有保水性的水飴、濃郁的上白糖以及適合蛋白且可以穩定蛋白霜的細砂糖等3種砂糖。

在燒烤上，不斷重複著以1℃來試驗與失敗的過程，才得出110℃烤箱模式的設定。要是比這個溫度更高就會變得乾巴巴，成為類似蜂蜜蛋糕的質感，如果溫度更低，比重較重的魚漿則會下沉而導致分層。此外，燒烤時間也是維持在烤出分量感與色澤的92分鐘。

理想的成品，切面非常細緻且到處都有著零星氣泡。以有如舒芙蕾一樣在嘴裡融化的口感為特徵。「比起一般用平式烤箱來燒烤，可以做得更為濕潤，成品的穩定性相當地高」，老闆植村如此說道。

食譜在170頁

厚燒雞蛋的調理程序

將蛋黃和蛋白分開

⌄

將金線魚的魚漿、蛋黃、上白糖、水飴用食材調理機攪拌

⌄

用蛋白和細砂糖，製作十分發泡的蛋白霜

⌄

將兩者直接混在一起，倒進木製模具裡

⌄

用烤箱模式、溫度110℃的蒸氣烤箱烤92分鐘

⌄

以放在蒸氣烤箱裡的狀態，就這樣放20分鐘

⌄

從木頭模具裡取出，在陰涼的場所去除餘熱

⌄

分別切成1人分，蓋上烙印就完成了

成品的切面。細緻的紋理上，零星散布著一點一點的氣泡。這些氣泡的存在就是入口即化的證明。

用低溫的蒸氣均等地加熱，有效利用了風味，做出柔軟有勁道的口感

老闆植村良輔先生從以前就認為，春季經典料理甘煮短爪章魚「因為煮太熟而乾巴巴的」。由於「想要表現出章魚卵那種柔軟滑嫩的口感」，而活用了蒸氣烤箱。比起與煮出來的湯汁一起長時間熬煮的情況，使用了不干擾味道，有效利用章魚風味的低溫且均等加熱的蒸氣模式。

為了去除臭味並殺菌，並在表面做出鬆緊有致的口感，將它燙成白色之後，以蛋白質凝固的68℃為目標，設定為72℃的溫度。以開始加熱後約30分鐘，中心溫度到達68℃為印象，但為了確實烹調，必須再多加熱10分鐘。此外，雖然以前是浸泡在倒入鐵盤的搭配用高湯裡，再以72℃加熱，但由於在烹調上會不均勻，因此現在改成只把短爪章魚排列在鐵盤上加熱，之後再浸泡高湯。

像這樣煮好之後再浸泡高湯的短爪章魚，放進嘴裡時，碰到牙齒的章魚皮會瞬間反彈，並從中間跑出章魚卵那勁道柔軟的舌尖觸感。越嚼越是粘糊融化的感覺，讓人非常有印象。就連章魚腳，也帶有柔韌的特色。

食譜在170頁

短爪章魚的調理程序

將短爪章魚做好事前處理後，把頭和腳分開。將頭翻過來去除內臟後，將章魚卵放回去，並用牙籤固定住

∨

泡進煮開的搭配用高湯裡，把頭和腳燙成白色

∨

將頭排列在鐵盤上，用蒸氣模式、溫度72℃的蒸氣烤箱加熱40分鐘

∨

取出之後一直放到恢復常溫，並用餘熱來將它煮熟

用手指輕輕觸碰冷卻好的短爪章魚的話，可以感覺到柔韌的彈力觸感。

∨

將頭和腳浸泡到搭配用高湯裡，冷藏放置1天

∨

連同山菜的燙青菜以及油菜花一起裝盤，淋上搭配用高湯的湯凍

成品的切面還留有些許透明感，在一粒一粒的章魚卵上覆蓋有一層膜的狀態為理想。

燗鮑魚

料理屋 植村　老闆 植村良輔

不減損風味，連中心都扎實地均等入味

雖然以前是用壓力鍋花1個小時來煮，但老闆認為，由於加壓的關係，肉汁滴落得很多而使得味道變淡。因此，採用不會把基底湯汁煮乾，可以做到均勻加熱的蒸氣烤箱蒸氣模式。放入100℃的蒸氣烤箱裡3～4個小時後取出，並直接放置之後完成了，除了這種作業效率的優點之外，調味湯汁連鮑魚的中心都確實、均等地入味，老闆認為，這就是使用蒸氣烤箱的魅力所在。

搭配的醬汁，是配合食用新昆布和新裙帶菜飼育的5月鮑魚，在連同鮑魚肉一起用基底湯汁蒸過的鮑魚肝中，加入石蓴做成糊狀、有著濃郁香味的醬汁。海老芋也是在剝皮並燙過之後，用80℃蒸氣模式的蒸氣烤箱加熱40分鐘而成。由於不會因為鍋裡對流的熱水而把海老芋分開，可以加熱得不流失風味，做出美味的成品。在又熱又甜的海老芋以及柔軟、確實帶有味道的鮑魚上，沾滿青綠色、香噴噴的醬汁。

食譜在171頁

刷乾淨後，把鮑魚從殼裡取出。
肝則是保留

∨

將鮑魚和殼放入倒進鐵盤的基底湯汁，
蓋上保鮮膜，用蒸氣模式、溫度100℃的
蒸氣烤箱蒸3～4小時

∨

取出之後，放置於常溫下5～6個小時

∨

將肝做成糊狀，用基底湯汁、石蓴
做成醬汁

∨

將鮑魚和海老芋一起裝入倒有一層
肝醬汁的容器中

蒸3個小時並放置5個小時後的鮑魚切面。直到中心稍微帶點顏色，可以知道味道已經被煮進去了。

以燒烤過的皮又香又酥脆、連接著皮的魚肉完全煮熟、往中央則是半熟狀態的3層切面為目標。

加熱是用濕度50%的42℃烤箱模式，當中心溫度到達33℃後，提高到75℃讓中心溫度提升到40℃的2段式加熱。採用這個方法的理由，是為了配合客人用餐的速度與供應的時間。假如用餐速度較慢，就以42℃將中心溫度保持在33℃，可以一邊放在烤箱內加熱，一邊推算上菜的時機。也就是說，第1階段的想法是讓食材在接近理想的40℃中心溫度的同時，將它保持在40℃以下。第2階段則是讓它在食用中，維持表面熱熱的「燒烤料理」印象的同時，將中間做成半熟口感，而設定成用75℃把中心溫度加熱到40℃。另一方面，濕度則是設定在可以讓素材的水分適量散失，但又不讓它變乾燥的50%。

加入了可以同時享用到香酥的帶皮側與半熟魚肉上的新鮮口感，並添上西洋菜來做出新式風格。

食譜在171頁

以３段式的加熱來推算上菜的時機

在一塊肉裡創造出３層不同的口感。

每次以2～3人份切開，
在鮲鮍魚的皮上斜斜地劃下
細細的刀痕

在皮的2～3mm上插入4根鐵
串，並只把鹽撒在魚肉上

為了直接用炭火把皮加熱，並讓魚肉不
要被加熱到，在皮的2～3mm上插入4根
鐵串。

用42℃預熱蒸氣烤箱。
將鐵串擺在鐵盤上後，
放上鮲鮍魚。用烤箱模式、
溫度42℃、濕度50%，
將中心溫度設定為33℃的
蒸氣烤箱來加熱。
提高到溫度75℃，中心溫度
設定在40℃進一步加熱。
總共約加熱40分鐘。

在皮上抹一層鹽，
帶皮的一側朝下，
用炭火把皮烤過

烤好後，帶皮側被燒乾，又香又酥脆
為理想狀態。

裝到容器上，增添西洋菜

以燒乾的酥脆外皮、煮熟的皮的上層、半熟的
下層，3層的成品為印象。

燙過之後
用低溫蒸過，
創造出口感差異，
讓人盡情享受

用開水煮過或用蒸籠蒸過之後浸泡進醃泡汁裡，或是直接連同醃泡汁一起煮的章魚，用蒸氣烤箱進行溫度管理並加熱，做出將要煮熟之前的極限口感。食材不經過乾燥，並利用不會讓鮮味流失的蒸氣模式，溫度設定則是60℃、中心溫度58℃。設定在比蛋白質和肌肉凝固的60℃稍低的中心溫度，是看準了煮過與半熟的中間口感。另一方面，事前處理則是用開水稍微燙過，只把表面加熱之後，凸顯出吸盤的爽口。在放入蒸氣烤箱時，若把章魚

食譜在 172 頁

腳筆直地排列在網子上，裝盤時就可以切得相當美觀，變得很好處理。

　　添上的甘醋醃漬花山葵，也是用蒸氣烤箱來調理。從3月到4月初旬產季短暫的花山葵，鮮明的辣味是它最大的特色。為了讓水溶性的辣味成分不會因為用開水煮過而流失，用蒸氣烤箱的蒸氣模式蒸30秒。

　　在半熟的口感以及脆脆的吸盤對比中，洗雙糖醃泡汁的濃郁滋味，以及花山葵的辣味和甘醋的酸味，彼此相互共鳴。

章魚的調理程序

將殺好並做好事前處理的章魚
燙約15秒，馬上放入冰水裡

∨

在網子上拉直並排列好

此時處在還可以動的狀態。為了在裝盤時容易切開，把章魚腳拉直排列。

∨

用蒸氣模式、溫度60℃、濕度100%，
中心溫度設定為58℃的蒸氣烤箱加熱

將中心溫度計插入章魚腳的中心部位。　皮沒有脫落，可以做出緊實的狀態。

∨

馬上泡進外頭布滿冰塊的醃泡汁裡，
放進冰箱冷藏一個晚上

花山葵的調理程序

將切大塊的花山葵，用蒸氣模式、溫度
100℃、濕度100%的蒸氣烤箱蒸30秒

∨

抹上一層鹽稍微放置一陣子，
擠去水分後泡進甘醋裡

最後階段的調理程序

將章魚厚切，與甘醋醃花山葵一起
裝盤。用新鮮的花山葵做擺飾

黑文字茶冰淇淋

魚菜料理 繩屋 料理人 **吉岡幸宣**

用帶有甘甜香氣的樟樹科樹木──黑文字做成的冰淇淋。在丹後，正月有用黑文字的木頭製作餅花※60，並把年糕做成霰餅來食用的風俗，因此把霰餅配上黑文字茶的冰淇淋，接著再搭配強調香味的「蘇」※61和果凍來取代鮮奶油，做成可以讓人享受到黑文字香氣的冰品。

在冰淇淋的製作上，為了在避免蒸發的情況下加熱1小時，而使用蒸氣烤箱。以牛奶的蛋白質性質改變之前的80℃來加熱，把黑文字的香氣轉移到牛奶上。接著再用80℃的烤箱模式煮乾。

為了讓霰餅不要染上顏色，用160℃油炸後，再用與油炸的油相同溫度的烤箱模式加熱20分鐘，並藉由烤箱的風來促進乾燥，讓它變得酥脆。其他，蘇和果凍也使用了蒸氣烤箱。舉例來說，果凍因為烤箱內滿滿都是蒸氣，而不會讓黑文字的香氣散逸；冰淇淋則可以做出漂亮的顏色等等，在各個方面都活用到了蒸氣烤箱。

※60：將切小塊的年糕或糰子插在樹枝上當裝飾。
※61：一種乳製品，也被視為日本最早的起司。

食譜在172頁

反映出在地食材、風俗的冰品，不讓風味流失，並且做出美麗的色彩

黑文字茶冰淇淋的調理程序

在牛奶中加入黑文字的樹枝

⌄

放入蒸氣模式、溫度80℃、濕度100%的蒸氣烤箱裡加熱30分鐘

⌄

切換到烤箱模式、溫度80℃、濕度0%，將它煮乾30分鐘

⌄

加入和三盆糖※62並將它融化，去除餘熱後冷凍

⌄

使用前置於常溫將它半解凍，放入攪拌機裡

蘇的調理程序

將牛奶放進烤箱模式、溫度80℃、濕度0%的蒸氣烤箱裡，熬煮到變濃稠為止

為了去除水分並將它煮乾，把濕度設為0%。漸漸煮乾之後，會逐漸在表面出現一層薄膜。

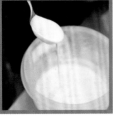

成品的基準是變成1/3的量，煮到像照片那樣出現黏稠感為止。

霰餅的調理程序

用160℃米油來油炸餅花的年糕

當水分去除、不再嗶滋作響之後撈起來。

⌄

擺在鋪有紙的網子上，放進烤箱模式、溫度160℃、濕度0%、風量4的蒸氣烤箱裡20分鐘，進一步將水分去除

為了讓它乾燥而把濕度設為0%。將風量設定在霰餅不會被吹跑的風量來促進乾燥。

⌄

製作糖衣，沾在霰餅上

黑文字果凍的調理程序

黑文字樹枝泡水，
用蒸氣模式、溫度100℃、濕度100%的蒸氣烤箱蒸30分蒸出味道。將寒天煮融化後，再讓它冷卻凝固

最後階段的調理程序

將冰淇淋、蘇、果凍、霰餅裝進容器裡

※62：和三盆是一種原產自日本香川縣和德島縣等四國地方東部的糖。和三盆是一種黑砂糖，色澤淡黃而顆粒勻細。「三盆」之名來自其製作工藝「在盤上研磨砂糖三次」。

鮮肉包子
神田 雲林 經營者兼主廚 成毛幸雄

鮮肉包子
神田 雲林 經營者兼主廚 成毛幸雄

不論任何季節都能
穩定地發酵麵皮，
可以蒸出豐滿、
美麗的色澤

「包子」是一種以滿溢的肉汁為魅力的點心。先把麵皮的材料混合起來進行一次發酵。加入補足膨脹的發粉，重新揉合之後，包入餡料進行第二次發酵。讓表面變乾燥後，最後再把它蒸過。在以上4階段的程序中，都活用了蒸氣烤箱。

蒸氣烤箱使用價值最高的部分是在發酵作業上。在中國料理店的廚房中，有高熱量的瓦斯爐、烤箱、蒸籠等等，要以穩定的溫度來發酵，是極為困難的技術。在沒有蒸氣烤箱的時代，是利用蒸籠或放在圓筒湯鍋上來讓它發酵，但也經常會有發酵不順利的情況。現在則是把蒸氣烤箱加熱到50℃後關掉開關，製作出與發酵箱相同的環境。變得不論季節與狀況而能夠穩定發酵。此外，在蒸之前也活用冷卻模式，藉由吹風讓表面變硬，從內部促進膨脹的力量，蒸出豐滿且美麗的色澤。藉由引進蒸氣烤箱，一口氣消除了尋找發酵場所或留意溫度這一類的壓力，美味也跟著升級。

食譜在173頁

包子的調理程序

將麵糰的材料揉合在一塊，
放在鐵盤上覆蓋保鮮膜

▽

將蒸氣烤箱以烤箱模式，加溫到50℃
左右後關閉電源，放入麵糰約30分鐘，
進行一次發酵

▽

將麵糰分出來包入肉餡，再次放進加熱到
約50℃後關閉電源的蒸氣烤箱裡約
15分鐘，進行二次發酵

▽

將蒸氣烤箱切換到冷卻模式，
以打開烤箱門的狀態讓表面乾燥

把烤箱門或是調節風門打開，一邊排出烤箱內多餘的水分，一邊吹風讓它變乾。

▽

放入蒸氣模式、溫度100℃的蒸氣烤箱蒸
12分鐘

新派回鍋肉

神田 雲林　經營者兼主廚 **成毛幸雄**

活用素材，用低溫加熱引出肉和蔬菜的原味

在中國料理內融合西餐技術的一道料理。把回鍋肉的醬料當成醬汁，淋在用蒸氣烤箱低溫加熱的肉和蔬菜上。是道可以享受到清爽的味道與講究裝盤的回鍋肉。

豬肉是以真空低溫調理仔細加熱，引出了多汁以及濕潤的柔軟口感。雖然藉由烤箱來隔水加熱，在溫度調節上會相當困難，但若使用蒸氣烤箱，溫度管理就會非常容易，並且可以做到安全的調理。另外，在蔬菜的部分，成毛主廚說「70℃是最能襯托出蔬菜甘甜的溫度區間」。在維持近似於生食的清脆口感的同時，濃縮了蔬菜本身的味道，顏色也是原本的美觀模樣。此外，除了經典的高麗菜之外還搭配上各種蔬菜，連同味覺與外觀一起魅力提升。

肉、蔬菜都是低溫加熱後再炒過，除去多餘的水分後做出香酥口感。此時如果煎過頭，素材整體會遍布著一層油，所以只控制在用大火稍微炒過的程度

「解開傳統料理的繩結並將它重新建構，以不同解法來思考」，成毛主廚用2種調理法做出了一道料理。這是藉由活用蒸氣烤箱，使得與至今有所不同途徑推展成為可能的例子。

食譜在174頁

豬梅花肉與蔬菜的調理程序

用鍋子把事先調味好的豬梅花肉炒過。
與大蒜油一起真空包裝

▽

用蒸氣模式、溫度65℃的蒸氣烤箱加熱
90分鐘（在營業前備料）

真空加熱後浸泡冰水，一邊將它冷卻，一邊讓大蒜油的風味轉移到豬肉上。

▽

直接連包裝一起浸泡冰水

▽

蔬菜切成一口大小，排列在鐵盤上

▽

將豬梅花肉和蔬菜放入蒸氣模式、溫度
70℃的蒸氣烤箱裡加熱30分鐘

用低溫蒸氣加熱蔬菜之際，也把真空調理完的豬肉一起加溫。以同時調理來進行有效率的調理，完成可供應的狀態。

▽

用養鍋養好的炒鍋，來炒豬肉和蔬菜

▽

豬肉切片後與蔬菜一起裝盤，
淋上回鍋肉醬汁與麻辣油

裡面是淡粉紅色，以濕潤且柔軟的質感為最佳。切薄片的做法可以讓人品味它的美味

用中心溫度調理慢慢烹調一整塊的肉，將肉汁鎖在裡面

將羊肉的肉塊炸過之後，連同孜然一起炒過，將四川料理做出改造。保留泡辣椒的酸味、孜然的香氣以及花椒和辣椒嗆辣的四川風味，使用帶骨的羊排，並藉由採取低溫調理這種受到注目的技巧，做出了嶄新的美味。

活用蒸氣烤箱的中心溫度調理功能，把中心溫度感應器插入瘦肉的中心並設定在53℃。用160℃的烤箱模式加熱的話，就會烹調出柔軟的口感。之後再從蒸氣烤箱取出，肉的內部會藉由餘熱上升到63℃，並在放置的期間慢慢降低溫度，做成不會讓肉汁流失的三分熟。如果將它用組合模式來加熱，會因為蒸氣而讓表面迅速煮熟，並讓肉汁流失而變柴，所以才採用了烤箱模式。

「用中心溫度調裡就不用擔心加熱不夠，也可以設定細微變化的溫度，對於整塊肉的調理是很珍貴的寶物」，成毛主廚如此說道。提升美味的訣竅是在事前把肥肉的那一面煎過。這樣就可以不用去擔心羊肉獨特的氣味。

食譜在175頁

羊排的調理程序

用鍋子把羊排的肥肉仔細地炒過

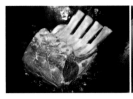

炒過的一面朝下擺放到鐵盤上，用烤箱模式、溫度160℃的蒸氣烤箱，將中心溫度設定在53℃來加熱（約40分鐘）

肥肉面朝下的話，鐵盤上就會積起一層油，讓熱傳導變好。

蓋上鋁箔紙，放置在溫暖的場所30分鐘以上

仔細加熱後放置的期間，羊肉會因為餘熱而變熟。因為可以準確地控制中心溫度，所以不會變柴，做出三分熟的狀態。

直接把整塊肉裝盤，撒上炒過的香味蔬菜和辣椒

有如在燃燒般的新疆維吾爾自治區的火焰山，豪爽地裝盤。撒上炒過的蔬菜，孜然和辣椒的香氣向上蒸騰。

首先直接端出整塊肉，讓人品味奢侈感與中國料理風格的魄力，再分別切成方便食用的1人份，以法式的風格裝盤。

紹興酒和香菜風味的豬肉肉凍
唐菜房 大元　廚師 國安英二

重視肉均一的口感
並且不加熱過頭，
因此採用中心溫度設定來製作

用陶罐模具來調理上海料理的豬肉肉凍。是種使用了紹興酒酒糟風味的「糟鹵[63]」這種調味料的前菜。雖然外觀像是法式的鄉村風肉醬[64]，但卻是中國料理的味道。既容易切開也容易保存，所以將它應用於以陶罐模具來製作上。用烤箱製作時，是在隔水加熱的同時再加熱，但放入陶器模具的肉團上面、側面、底面等部分的加熱狀態容易會不均勻。這點則藉由蒸氣烤箱的組合模式，並設定中心溫度來加熱，可以每次都做到均勻地加熱。陶罐模具用保鮮膜包起來後，上面再蓋上鋁箔紙，讓它不要在接觸到比側面和底面還多的熱量的情況下來加熱。最後添上香菜醬後來作供應。

食譜在175頁

豬肉肉凍的調理程序

將大致切開的豬梅花肉和豬五花肉，
與調味料、紅蔥頭等混合

∨

在模具裡鋪上豬網油，放入混合好的
豬肉鋪平，再用豬網油蓋住

∨

包上保鮮膜並用鋁箔紙覆蓋，放進組合
模式、103℃、蒸氣量50%，中心
溫度設定為76℃的蒸氣烤箱裡

∨

從蒸氣烤箱取出後，在上方壓上重物約
2小時左右後冷卻

※63：從陳年酒糟中提取糟汁加入辛香料精製而成。
※64：鄉村風肉醬，原文為pâté de campagne。

皮蛋瘦肉粥

唐菜房 大元　厨師 國安英二

120

放進蒸氣烤箱後
就不需要任何手續！
而且不會失敗，也完全
沒有焦掉之類的浪費

只要放入蒸氣烤箱就能製作好的粥，不僅是適合蒸氣烤箱的料理，而且比起用鍋子製作，還有3個很大的優點，國安主廚如此說道。第一點是不會失敗。如果在目光移開的期間讓鍋底燒焦的話，焦掉的味道會跑進去，變成不能拿出來供應的粥。用蒸氣烤箱的蒸氣模式來加熱的話，就完全不需要擔心煮焦。其次，為了不讓它煮焦，必須要一邊煮一邊攪拌。持續攪拌需要人手，但若是蒸氣烤箱的話，放進去後就可以去進行其他作業。此外，就算攪拌，在鍋子的側面等地方還是會有黏著的粥。這部分就會損耗掉，但若是使用蒸氣烤箱的話，就不會造成浪費。

同店中固定用於基底的粥，便是用蒸氣烤箱來製作之後，分成小份冷藏起來的。每次有人點餐時，就加入熱湯來補足分量並加溫，再加入配料就完成了。

食譜在 176 頁

粥的調理程序

將米、腐竹、魚粉、水放入烤盤裡混合。

↓

蓋上蓋子，放進組合模式、200℃、蒸氣量100%的蒸氣烤箱裡

↓

將它整個攪拌過

↓

分成小份冷藏庫存起來

↓

每次有人點餐就用二湯※65來增添分量，一邊調整濃度，一邊加入皮蛋和鹽漬豬肉來加熱

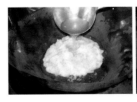 

※65：「二湯」又被稱為「毛湯」，與「頭湯」相比，一般是提取部分頭湯或撈出部分原料後，另加清水熬製的湯。

為了烤得美觀又好吃，運用蒸氣烤箱，確實進行事前乾燥的作業

想把北京烤鴨烤得美觀又好吃，在烤之前好好地將皮乾燥非常重要。只不過，依雨天、晴天和季節的差異，乾燥方式也各有不同。因為不是只有表面，而是想將皮本身均勻地弄乾，只靠碰觸是很難判斷的。將翅膀根部與鴨腿根部等難以乾燥的部分，也同其他部位一樣來弄乾是很重要的。在確切乾燥的作業上，國安主廚也活用著蒸氣烤箱。放入40℃低溫的烤箱模式20分鐘來將它弄乾。之後再以100℃的

食譜在 176 頁

烤箱模式烤1個小時，並將它暫時取出，讓皮的蒸氣向外散佚。藉由這樣來恰當地將它烤得酥脆。像這樣先中場休息、放置一下之後，再來進行最後的燒製程序。由於希望烤好之後就能馬上享用，如果有人預約，就會先準備到最後的燒烤階段之前，並由供應的時機反推之後再開始燒烤。

北京烤鴨的調理程序

切開頭的連接處，切除食道與氣管，剝掉緊連著脖子肉的食道與氣管，並用打氣筒從切口處往鴨肉與皮的中間送入空氣

∨

將腋下劃開取出內臟，取出之後向內沖水把血沖掉

∨

在皮上淋熱水，讓皮變緊之後，淋上脆皮水並晾乾

∨

放進烤箱模式、40℃、蒸氣量0%的蒸氣烤箱裡20分鐘，確實弄乾

∨

變更為烤箱模式、100℃、蒸氣量0%後烤1個小時

取出之後放置一陣子。如果有人預約北京烤鴨，就先備料到這個步驟

∨

用烤箱模式、180℃、蒸氣量0%烤10分鐘，接著提高到200℃烤5分鐘，烤好之後熱騰騰的上桌。反推好供應的時機再開始燒烤

鱗片
Chi-Fu 經營者兼主廚 東 浩司

使用加濕的『蒸』
與脫水的『炸』
這種相反的調理方式，
創作出新的口感

「想要供應鱗片酥脆、魚肉極限烹調的馬頭魚」，因為這樣的想法，而只把魚鱗部分炸過之後，用組合模式、溫度80℃、濕度25％的蒸氣烤箱來加熱3分鐘。將鮮度可以生吃的馬頭魚，使用熱傳導良好的組合模式，以低濕度、短時間來加熱，在保持鱗片酥脆感的同時，一邊把魚肉做出濕潤口感，一邊去除掉油炸時的油，設想好魚肉在供應後餘熱還會繼續加熱，而做成稍微半生熟的狀態。對成品有著明確想法，藉此組合了加濕的「蒸」以及去除水分的「炸」這種相反的調理法，在一個素材中，創造出有著強烈對比的新鮮口感。

必須要處理好「不冷不熱」這種溫度的問題，而採用湯品的做法，在客人面前倒入熱熱的湯。在次要素材方面，過去是搭配當季的蘿蔔，但從「雖然整塊來加熱的話就會有熱熱軟軟的口感，但有意外性的話會很有趣」的想法中，衍生搭配榨菜這種耳目一新的作法。酥脆的鱗片、豐滿的魚肉，搭配上熱呼呼又清脆的2種榨菜，用一盤料理表現出各式各樣的質感。

食譜在177頁

馬頭魚的調理程序

將酒塗抹在馬頭魚鱗上

將網子放在鍋底，馬頭魚鱗朝下，用160℃的熱油油炸。當魚鱗立起來，開始變得酥脆後就將它撈起

只將鱗炸過，魚肉仍是還未烹調過的狀態。

將鱗片朝上，擺放在放置於鐵盤的網子上，用組合模式、溫度80℃、濕度25％、風量3的蒸氣烤箱加熱3分鐘。取出後迅速地分別將它切成一人份

為了保留鱗片酥脆的感覺，使用熱傳導佳的組合模式，以短時間加熱來做成半生熟的感覺。

擺在醃漬榨菜上，倒入榨菜湯，添上用鹽搓揉過的榨菜後擺上辣椒絲

回鍋肉

Chi-Fu　經營者兼主廚 **東 浩司**

「追求讓鮮豔的色彩與乾燥並存。做出不管是用手、舌頭、眼睛，都能好好享受的料理」

　　想要把帶有甜味且變得美味的春季高麗菜當成主角，以這種想法出發，從經典中國料理的回鍋肉中構想出這道料理。應用了一直以來都有在製作的蔬菜脆片技巧，把高麗菜做成了脆片，再以高麗菜脆片把煮豬肉包起來後，做出能用手捏起來享用的設計。與抑制高麗菜變色的海藻糖一起做成真空包裝後加熱5分鐘，排在烘培墊上，再用80℃的烤箱模式乾燥3個小時。在不斷的嘗試與失敗後，終於計算出不會褪色還能烤得酥脆的溫度與時間，特別是在保留色彩上費盡了苦心。此外，還運用高麗菜

將去除菜心的高麗菜葉、海藻糖、水
做成真空包裝

∨

放進蒸氣模式、溫度90℃的蒸氣烤箱裡
5分鐘

∨

連包裝一起浸泡冰水去除餘熱

∨

一片一片地把高麗菜葉排放在烘培墊上，
用烤箱模式、溫度80℃、濕度0%的
蒸氣烤箱加熱3小時來將它乾燥

∨

像是把擺有蒜葉泥的煮豬肉包起來
一般，放上高麗菜脆片

∨

連同擺有豆豉粉、甜麵醬以及香菜菜芽
的抱子甘藍一起裝盤

菜葉的外葉與中心葉，表現出各式各樣的配
色。做成可以享受用手觸摸、用舌頭品嚐以及
色彩觀賞樂趣的料理。

　由於回鍋肉是用豬五花肉、蒜葉、豆豉拌炒
的料理，所以撒上煎過的豆豉，並把蒜葉做成
泥。配上新鮮的抱子甘藍，添上了嬌嫩的口
感，再用香菜芽菜增添中國料理式的香氣。

　在擺盤上，把撒上的豆豉比擬作土地，做出
高麗菜田的印象。並運用木板帶來了自然的趣
味。

食譜在177頁

背離了香酥的印象，以半熟的口感讓人驚訝、著迷

雖然以前是用烤箱低溫烘烤，但若是連殼一起炸過之後再放置一陣子，再用蒸氣烤箱烘烤的話，「殼的香酥味道就會轉移到蝦肉上，並且可以調理出濕潤口感」，因為這樣的想法，而採用了現在的調理方式。炸過之後，蝦肉會更容易從殼裡剝下，作業性也有所提升。溫度設定在比蛋白質會凝固的65℃稍高的68℃。意圖讓蛋白質在確實凝固的同時，又能有濕潤的口感，而以組合模式來加濕調理。「明明是香酥風味卻又非常濕潤，有著出人意料的感覺」，因此把濕度設定在60％。

作為套餐中的海鮮料理，日本龍蝦佔據了主要的位置，並從使用蝦子的上海料理所搭配的春天素材中，挑選蠶豆作為次要素材。將上海的傳統料理「燉煮蠶豆與芥菜」，用透明的上湯薄膜包起來，做成能夠玩味色彩的特製春捲，並配上帶有乳酸發酵風味的鮮美湯頭。由於蝦子本身並沒有加熱過，因此用噴槍炙烤蝦殼來表現出香味。在蒸騰的香味中，把蝦子放入嘴裡，感受到的居然是濕潤的半生熟口感，以享受這種意外性形成這道菜的趣味。

食譜在178頁

食譜在178頁

日本龍蝦的調理程序

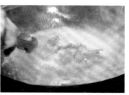

將帶殼的日本龍蝦用200℃的油炸過，當殼開始冒出香酥味道之後將它撈起

蝦肉以2分熟為目標

去除油分後，放入保溫箱約5分鐘

剝殼，只把蝦肉用組合模式、溫度68℃、濕度60％的蒸氣烤箱加熱4分鐘

左邊照片為加熱前，右為加熱後。可以看出蝦肉膨起，顏色加深。

用噴槍炙烤蝦殼

與煮爛的蠶豆和芥菜春捲一起裝盤，再配上金時胡蘿蔔泥、櫻花泥等

用蒸氣烤箱加熱之後的日本龍蝦切面。剛拿出來，中心還留有透明感的半生熟狀態。

　　若是說到『拳拉麵』最大的特色，就是使用魚頭的湯底。採訪時是使用了馬頭魚的頭。有時也會使用鯛魚。夏天時也會使用鱸魚魚頭。從2011年開始，就使用魚頭湯底，配上用丹波黑土雞軀幹的骨頭、鹿肉、整隻雞和雞胸肉一起熬煮出來的湯，但自2015年起，則變更為搭配用鹿骨與熟成牛骨來熬煮的湯，醬料也從鹽味醬料改成醬油醬料。以這種讓人嚐起來像是法式清湯的西餐風湯頭為特色。

　　搭配這種湯頭，將豬五花肉連同煙燻木屑一起用58℃烤箱模式的蒸氣烤箱，慢慢地加熱10個小時。做出濕潤、培根般的風味，卻又感覺不到培根的油膩。

　　雞胸肉上抹滿香草植物後，用58℃的烤箱模式加熱4個小時。做出不柴並留住多汁口感的成品。

　　不管是哪一種，都是當成配料用在同店的湯頭上，運用薰香與香草植物的香味，起到為湯頭的味道帶來深度的功用。

食譜在178頁

做成彷彿濕潤的火腿一般，加深湯頭風味的叉燒

用平底鍋把煙燻木屑煎出薰香後，移到淺盤上。在放入豬五花肉的烤盤底下，放置煙燻木屑

確認一下煙燻木屑有沒有冒出火焰，再把它放入蒸氣烤箱。

∨

放進烤箱模式、溫度58℃的蒸氣烤箱裡10個小時

∨

從蒸氣烤箱內取出，用餘熱保溫之後洗過，連同醬料一起做成真空包裝

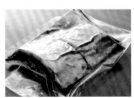

冷藏1天以上再使用。

去除雞胸肉的皮，將迷迭香、羅勒、奧勒岡葉的混合香草植物塗抹在肉上

∨

放進烤箱模式、溫度58℃的蒸氣烤箱裡4個小時

∨

從蒸氣烤箱取出後，配上淡味醬油的醬料，做成真空包裝

冷藏1天以上再使用。

在濃郁的湯頭中，
配上用昆布包覆的
濕潤叉燒，帶來鮮
味的相乘效果

「拳拉麵『濃』」是用香濃的醬油醬料來製作。這份濃郁是用雞肉乾來添加上去的。加熱岡山產的生醬油，配上加入切厚片的雞肉乾熬煮出滋味後放置1天的味醂，來做成醬油醬料。接著，也把雞肉乾活用在香味油中。運用鴨的油脂，將切薄片的雞肉乾煮過，把鮮味和香味轉移到油脂上。再將它與炸過的雞肉乾一起放進攪拌機裡，打成糊狀之後來使用。如此一來，以雙重架構活用雞肉乾，提高了湯頭的濃郁與風味。

將用水泡發的昆布包住豬梅花肉

∨

放進烤箱模式、溫度58℃的蒸氣烤箱裡
10個小時

∨

從蒸氣烤箱取出後，放在一邊去除餘熱

去除餘熱之後，去掉昆布，再把表面稍微洗過

∨

跟醬料一起做成真空包裝後放置1天
並冷藏

淡味的醬料，雞肉叉燒也使用了同樣的醬料

包上昆布的叉燒則是用58℃的烤箱模式，慢慢加熱10個小時製成。藉由昆布的麩胺酸以及雞肉乾鮮味成分的肌苷酸[※66]的相乘效果，當成湯頭的配料，也是進一步增添風味的結構。這是為了要做出肉質的細膩、濕潤的咬勁而設想出來的。昆布包覆的叉燒是「特製拳拉麵」（1000日圓）才有的配菜，有許多客人便是看中了這種用昆布包覆的叉燒而前來。

食譜在179頁

※66：又名次黃嘌呤核苷酸或次黃苷酸。

「為了能夠以更加簡單的作業做出微妙的硬度、濕潤口感，反覆試做了好幾次」

油封雞胗、豬梅花肉的半熟叉燒以及煮雞蛋，在開始以蒸氣烤箱製作之前，是用鍋子來調理的。油封雞胗是把雞油維持在60℃炊煮約35分鐘。半熟叉燒則是維持在64～65℃把豬梅花肉煮2小時40分鐘。並趁著肉熱騰騰的期間，浸泡進淡味醬油與蒜頭、薑、黑胡椒、水混合成的專用醬料裡，冷藏一個晚上而成。煮雞蛋則是一邊攪拌一邊煮成。

因為是要一邊確認溫度的作業，所以在製作時雙眼無法離開，但用蒸氣烤箱來製作的話，「只要放進去之後，直到煮好之前可以去進行

去除筋、多餘的脂肪後，用線綁起來，
讓整裡好形狀的豬梅花肉，配上鹽、
胡椒、大蒜泥後放置12個小時入味

∨

連同醬料一起真空包裝

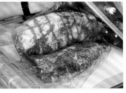

∨

放進蒸氣模式、溫度64℃的蒸氣烤箱裡
4個小時。取出後馬上放入冰水裡。
放在水裡3～4小時，連中心都確實冷卻

∨

叉燒以冷的狀態分送到各間店裡，
每當有人點餐，就把它切開盛裝

其他作業」，這是相當大的優點。接著再藉由
做成真空包裝來加熱，可以把叉燒醬料的消耗
量減少到了1/3左右。雞胗的筋部分也是，如
果使用蒸氣烤箱就可以加熱得相當柔軟，成品
率也變好了。就算不攪拌也沒關係，也幾乎不
會有因為水煮而把雞蛋弄破的情況，雞蛋的損
耗也大幅減少。並且設定成容易剝去蛋殼的恰
當蛋白硬度，減少了剝殼時的損失。

　　為了簡單使用，「只要放進去按下按鈕」就
好，而不用插入中心溫度計來進行設定，在試
做了好幾次之後，定出了各種調理的設定。

食譜在179頁

煮雞蛋的調理程序	油封雞胗的調理程序

將雞蛋排在開孔的烤盤上，
放進以蒸氣模式、溫度130℃
設定預熱的蒸氣烤箱裡，
再把溫度調到110℃，放置6分50秒

配上鹽、粗磨的胡椒後仔細攪拌，
稍微放置之後，用濾網去除水分

使用的是用4℃冷
藏的雞蛋。不要把
雞蛋緊緊地靠在一
起，讓它留有一點
縫隙。一個烤盤最
多可放40顆。

配上雞油，連同蔥綠一起放入組合
模式、溫度90℃、水蒸氣量50%的
蒸氣烤箱裡2小時40分。並在結束前的
30分鐘，設定為組合模式、
溫度30℃、水蒸氣量50%。

從蒸氣烤箱裡取出後，
馬上放入冰水裡急速冷卻

將蛋黃設定為半
熟，而蛋白則是稍
微凝固的狀態，讓
它容易剝殼，防止
損耗。

用濾網過濾，把雞油和雞胗分開

冷卻之後剝殼，
泡在醬汁裡浸泡1天

放入紙巾當成蓋子
來浸泡

雞胗和雞油分開做成真空包裝，
放入冰水裡急速冷卻

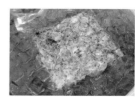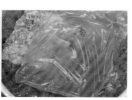

油封雞胗薄切後當成配料使用。　跟雞胗一起煮過的雞油，則是當成
香味油混入拉麵裡

浸泡過醬料後，與醬料一起做成
真空包裝分送到各店

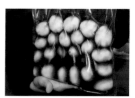

減少店內醬料的使
用量，並以固定數
量來包裝，便於計
算庫存量。

真空低溫調理法 的 基礎

真空低溫調理法，是藉由控制蒸氣烤箱溫度和時間設定的這種「數值」，不管是誰都可以重現出熟練的調理人所製作的料理，而且，還擁有可以一次大量製作，並製作出保存期限較長的料理這一類的特色。為此，有幾項必須好好遵守的基本事項。以下就透過馬鈴薯燉肉、麻婆豆腐、雞肉與蔬菜的醃漬、涼拌捲心菜的真空低溫調理法製作方式，來說明這些基本事項。（使用星崎電機的「Cook Everio 2/3尺寸烤盤」蒸氣烤箱）

指導老師 **三田敬則** Pure Respect 代表

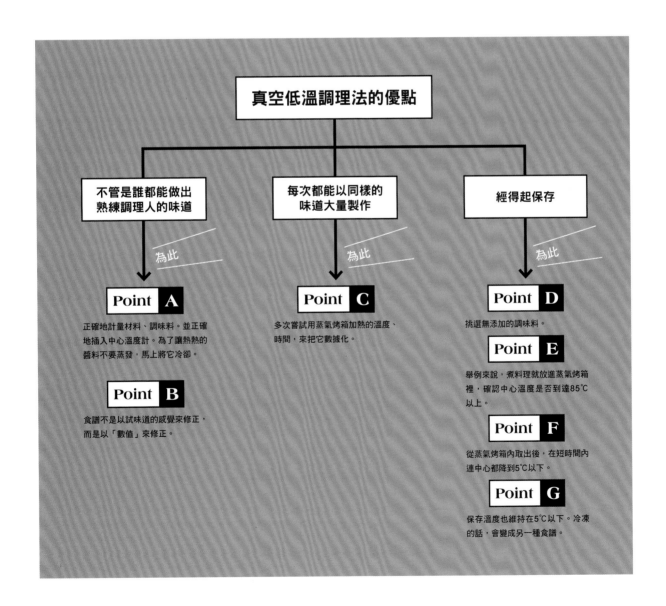

真空低溫調理法的優點

不管是誰都能做出熟練調理人的味道 → 為此

每次都能以同樣的味道大量製作 → 為此

經得起保存 → 為此

Point A
正確地計量材料、調味料。並正確地插入中心溫度計。為了讓熱熱的醬料不要蒸發，馬上將它冷卻。

Point B
食譜不是以試味道的感覺來修正，而是以「數值」來修正。

Point C
多次嘗試用蒸氣烤箱加熱的溫度、時間，來把它數據化。

Point D
挑選無添加的調味料。

Point E
舉例來說，煮料理就放進蒸氣烤箱裡，確認中心溫度是否到達85℃以上。

Point F
從蒸氣烤箱內取出後，在短時間內連中心都降到5℃以下。

Point G
保存溫度也維持在5℃以下。冷凍的話，會變成另一種食譜。

馬鈴薯
燉肉

由於用真空低溫調理法來製作的馬鈴薯燉肉，要把馬鈴薯、胡蘿蔔、洋蔥分別進行事前處理，所以切的大小不一致也沒關係。

真空低溫調理法可以分成事前處理與2次加熱。事前處理，是為了調理得美味所做的加熱，2次加熱則是低溫調理真空包裝的食材。

此外，在馬鈴薯的事前處理該項中也有提到，在事前處理的階段中不會用到鹽。這裡不用鹽是因為馬鈴薯燉肉一類的和食，最後還會用醬料來調味的緣故。西餐的食譜在事前處理的時間點，大多都會用到鹽。

材料（120g×5包分）
豬肩肉[※67]…95g
馬鈴薯…380g
胡蘿蔔…95g
洋蔥…95g
橄欖油…蔬菜重量的1%

醬料（備料的量。配上食材重量13%的醬料裝入真空包裝的袋子裡）
┌醬油…80g
│味醂…80g
│砂糖…16g
│昆布高湯顆粒…2g
└柴魚高湯顆粒…2g

※67：原文為豚小間，指梅花肉之外肩膀部位的碎肉。

馬鈴薯的事前處理

1 將剝好皮的馬鈴薯切半，配上馬鈴薯重量1～2%的橄欖油，擺放在烤盤上。不用鹽。

Point A

2 將中心溫度計插入馬鈴薯裡。中心溫度計要以馬鈴薯中心為目標插入。用組合模式、溫度120℃、水蒸氣量100%，將中心溫度設定在92℃來加熱。中心溫度達到92℃後再加熱5分鐘。藉由這種做法，即使改變馬鈴薯切開的大小時，也能沒有差異地做好事前處理。從蒸氣烤箱取出後，馬上放入冰箱內冷卻。

洋蔥的事前處理

1 洋蔥切半後，1顆切成1/8大小，另1顆切成1/4大小。因為這樣的大小差異可以擺在同個烤盤上做事前處理，配上重量1～2%的橄欖油擺放在烤盤上。因為是事前處理，所以不使用鹽。從蒸氣烤箱取出後，馬上放入冰箱內冷卻。

Point A

2 將中心溫度計插入洋蔥裡。中心溫度計以洋蔥的中心為目標插入。用組合模式、溫度120℃、水蒸氣量100%，將中心溫度設定在92℃來加熱。中心溫度達到92℃後，如果想留住咬勁就再加熱5分鐘。想要做得鮮甜一點就加熱10分鐘。

胡蘿蔔的事前處理

1 剝好皮的胡蘿蔔以滾刀切成大致相同的大小。配上胡蘿蔔重量1～2%的橄欖油擺放在烤盤上。因為是事前處理，所以不使用鹽。

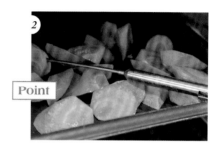

Point

2 將中心溫度計插入胡蘿蔔裡。中心溫度計以各個胡蘿蔔的中心為目標插入。用組合模式、溫度120℃、水蒸氣量100%，將中心溫度設定在92℃來加熱。中心溫度達到92℃後再加熱10分鐘。藉由這種做法，即使改變胡蘿蔔切開的大小時，也能沒有差異地做好事前處理。從蒸氣烤箱取出後，馬上放入冰箱內冷卻。

豬肉的事前處理

1 切成方便食用的大小後用水洗過，洗掉從切口處跑出來的肉汁。這是為了減少加熱時跑出的白色泡沫。

2 將肉擺在烤盤上，並把中心溫度計插入肉裡。用組合模式、溫度70℃、水蒸氣量100%、中心溫度65℃來加熱。取出後，趁溫熱將肉切開，用冰箱讓它馬上冷卻。依個人對味道的喜好，殘留在烤盤上的肉汁可以拿來用也可以去掉。如果是好的豬肉，在這種事前處理時可以用更低溫來加熱，在2次加熱時提高溫度也沒問題。

製作醬料

Point A
Point D

Point A
Point B

可以久放是真空低溫調理法的優點，因此，在使用的調味料上，希望挑選無添加的種類。這是因為可能會有因添加物的作用，而導致味道在保存的期間改變的疑慮。各種調味料都要準確地計量。真空調理法會因為調味料分量的少量差異，而讓味道有很大的變化。把醬料的材料合在一起煮沸一小段時間後，馬上放入冰水裡冷卻。如果就這樣放著不管的話，會因為蒸氣蒸發而因此改變味道。在一般的調理做法中，此時會試試味道，由主廚來補上鹽或是砂糖來調整。不過這麼做的話，就會變成只有主廚才做得出來的料理了。如果想要調整味道，就要回到最初，從零開始重新研究食譜。以不管是誰都能做得出一樣的味道為目標，將食譜全部變成數值，是真空低溫調理法的基本。

※68：就是發芽後直接收成的蔥。

2次加熱

Point A

真空包裝用的袋子如果弄髒封口的部分的話，就沒辦法好好地打包起來，所以要向外摺1次以上之後再放入食材。一邊裝入一邊測量。藉由把每1包的重量統一，讓每1包都是均一的味道。分別將做好事前處理的3塊馬鈴薯、4塊胡蘿蔔、60g的洋蔥與豬肉，以及食材13%量的醬料裝入，用真空包裝機封起來。

Point C
Point E

排列在開了孔的烤盤上並且不要讓它重疊，用蒸氣模式、溫度90℃來加熱。至於要加熱幾分鐘，則一定要插入中心溫度計，看看花幾分鐘中心溫度會到達幾度，收集數次數據之後再做決定。馬鈴薯燉肉這類的煮料理要加熱到中心溫度變成85℃以上。可以藉由使用慕斯模來測量真空包裝內部的中心溫度。

Point F
Point G

取出後馬上冷卻，儘可能地在短時間內讓它降到5℃以下。保存在冰箱裡的時候，也要以放在冰水裡的狀態來保存。如果冰塊融化就會升到5℃以上，所以要在融化前補充。這種真空低溫調理法的食譜，要保存在5℃以下。冷凍時會變成另一種食譜，這裡要特別注意。

供應時直接以真空包裝隔水加熱。因為目的是加溫到吃起來好吃的溫度，而非進行調理的加熱，所以要用小火慢慢溫熱。冷冷的馬鈴薯會有硬硬的口感，所以要加熱個10分鐘左右。並依喜好裝飾上芽蔥※68之類的青綠。這類的綠色配菜沒辦法一起用真空低溫調理，所以最後再添加上去。

麻婆豆腐

將豆腐、肉味噌、芡汁3個部分分開進行事前處理後，再用2次加熱來完成。這是家常菜用、味道比較簡單的麻婆豆腐食譜。豬絞肉在事前處理的階段，與蒜頭、薑、蔥一起拌炒。不管是誰都能做得美味是使用真空低溫調理法的特色，但並不是所有的調理程序都以低溫進行，希望不要有所誤解。

材料（150g×8 包分）
木綿豆腐…2塊

肉味噌
- 豬絞肉…168g
- 醬油…8g
- 甜麵醬…8g
- 豆瓣醬…8g
- 蒜末…2g
- 薑末…2g
- 沙拉油…8.4g

芡汁
- 水…168g
- 高湯顆粒…3.4g
- 醬油…55.4g
- 日式太白粉…14g
- 芝麻油…8.4g

製作肉味噌

用沙拉油把豬絞肉與蒜頭、薑、蔥炒過。肉變色之後，加入醬油、甜麵醬、豆瓣醬再次拌炒。

Point A

仔細炒過之後倒入盆子裡，放進冰水裡將它急速冷卻。由於會因為蒸氣蒸發而導致味道改變，所以要在短時間內急速冷卻。

製作芡汁

Point A

分別將芝麻油之外的調味料好好地計量之後混合。預先準備好連10分之1克都能測出來的秤為佳。

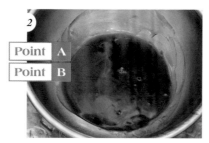

Point A
Point B

把1的調味料煮沸一小段時間，從火上取下之後，放進冰水裡急速冷卻。確實弄涼之後加入芝麻油。測量並確認成品的重量為224g。每次都要確認成品的分量。

豆腐的事前處理

先將豆腐切成4塊。用蒸氣模式、溫度80℃，將中心溫度設定在60℃來加熱。取出後馬上冷卻。捨去從豆腐裡釋出的水分。

弄涼之後切成喜歡的大小，連同芡汁、肉味噌一起做成真空包裝。

1

在盆子裡混合確實冷卻好的肉味噌與芡汁。

2

用蒸氣加熱後放涼,把切好的豆腐與1的材料混合。用木杓從底部往上攪拌,小心不要把豆腐壓爛。這個時候也可以加入山椒或是加入黑胡椒,做成適合下酒的變化。

3

Point **A**

真空包裝用的袋子封口部分,光是沾到油就會無法完全密合,所以要向外摺1次以上之後再放入食材。1匙1匙測量的同時裝進去,1包做成200g。真空包裝會配合素材的形狀做出真空,所以豆腐不會因為做成真空包裝而被壓爛。

4

Point **C**

排列在開了孔的烤盤上並且不要讓它重疊。如果有重疊的部分會出現加熱不均勻的狀況。用蒸氣模式、溫度90℃的蒸氣烤箱加熱10分鐘。138頁馬鈴薯燉肉的2次加熱,也是用90℃的蒸氣模式。若適用相同模式、相同溫度設定的料理,就能夠一起放進蒸氣烤箱加熱,這也是真空低溫調理法的優點。

5

從蒸氣烤箱裡取出後,馬上放入冰水急速冷卻。短時間內將真空包裝的食材降到5℃以下非常重要。

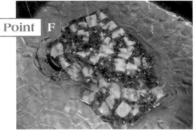

Point **F**

6

Point **G**

保存時,以放進冰水裡的狀態直接拿進冰箱。如果冰塊融化就會升到5℃以上,所以要在融化之前補充。冰水內以1~2℃為理想。冰水裡是幾度要做好測量並且確認。在5℃以下可以保存到1個月以上,但在製作的當月用完,會比較好計算每個月的成本。

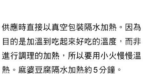

供應時直接以真空包裝隔水加熱。因為目的是加溫到吃起來好吃的溫度,而非進行調理的加熱,所以要用小火慢慢溫熱。麻婆豆腐隔水加熱約5分鐘。

涼拌捲心菜

涼拌捲心菜作為沙拉的一種,藉由真空低溫調理法的製作方式讓它利於保存。搭配的美乃滋也是用真空低溫調理法製作的。若以保存為前提,美乃滋的材料要與其它的料理一樣,使用無添加的種類。市售的美乃滋並不適合用真空低溫調理法。真空低溫調理法只需要少量搭配食材的調味料就可以完成,即使無添加的調味料稍微貴一點,也不會影響成本費。若要以保存為前提就不要使用大豆油,而以菜籽油為佳。

材料(50g × 5 包的量)
高麗菜…250g
胡蘿蔔…25g
洋蔥…25g
鹽…高麗菜、胡蘿蔔、洋蔥總量的0.5%
自家製美乃滋※…35g

※自家製美乃滋
材料(備料的量)
整顆雞蛋…60g
鹽…3.5g
無添加清湯顆粒…12g
白胡椒…0.6g
菜籽油…240g
米醋…30g

蔬菜的事前處理

Point B

將高麗菜、胡蘿蔔、洋蔥切絲。配上整體量 0.5%的鹽並仔細攪拌。

混入鹽之後做成真空包裝。雖然鹽的分量很少,但藉由做真空包裝,可以讓水分容易滲出。做成真空包裝後將它稍微放涼。

將真空包裝袋子的1角切開,連同袋子擠壓,從切開的部分把水倒出來。擠去水分後,倒進盆子裡。

製作美乃滋

將整顆雞蛋、鹽、清湯、白胡椒合在一塊,在加入菜籽油的同時,用食材處理機讓它乳化。一點一點加入菜籽油的同時,用食材處理機讓它乳化。

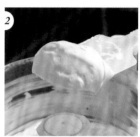

倒入油之後,最後再一點一點加入米醋攪拌,製作成美乃滋。做成真空包裝。

Point C
Point F
Point G

放進蒸氣模式、溫度65℃的蒸氣烤箱裡30分鐘。加熱之後,儘可能在短時間內將它急速冷卻到5℃以下。是否確切地降到5℃以下,則要測量來確認。放入冰水中拿進冰箱保存時,不要輕忽了冰塊的補充。

2次加熱

Point A

擠掉水分的蔬菜配上35g的美乃滋並仔細攪拌。這樣就直接是可以吃的狀態。

Point A

為了保存而進行2次加熱。做成真空包裝。真空包裝用的袋子封口部分如果弄髒的話,就沒辦法好好地打包起來,所以要向外摺1次以上之後,再放入食材。一邊裝一邊測量,將每1包的重量統一。

Point C

排列在開孔的烤盤上並且不要讓它重疊,用蒸氣模式、溫度65℃的蒸氣烤箱加熱20分鐘。在留住蔬菜清脆感的同時,將它加熱得能夠長時間保存。

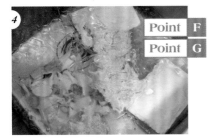

Point F
Point G

從蒸氣烤箱取出後,放入冰水裡將它急速冷卻到5℃以下。保存時,以放在冰水裡的狀態下拿進冰箱。保持在冰塊不融化的狀態下冷藏。

涼拌捲心菜要用5℃以下來保存,並且直接從真空包裝裡取出裝盤。如果保存在5℃以下,雖然蔬菜的顏色多少會有點褪色,但能夠保有剛完成的口感。此外,大豆、乳製品等,真空低溫調理之後再做保存的話,會因為酵素的影響等而讓味道有所改變。另外,用真空低溫調理法製作的烤牛肉,保存時也會因牛肉內殘留酵素的影響而改變味道。希望可以預先理解,即使像這樣用真空低溫調理法來製作,也並非所有的料理都能夠完美地保有剛出爐的味道。所以,希望以材料的測量為首,將放入蒸氣烤箱的溫度、時間,取得好幾次的數據之後再來決定,分辨出這是不是一道適合用真空低溫調理的料理。

雞肉及蔬菜的醃漬

將烤過的雞胸肉，配上咬勁很好的蔬菜來進行真空低溫調理。蔬菜、雞肉是分別進行事前處理後，再做成真空包裝2次加熱，但要加熱得不改變蔬菜的咬勁，是這道料理的重點。

材料（600g×1 包的量）
洋蔥…80g
胡蘿蔔…80g
蘿蔔…244g
舞菇…42g
杏鮑菇…35g
鹽…蔬菜總量的1%
雞胸肉…230g
鹽（雞肉用）…0.6g
油醋醬※…50g

※油醋醬
材料（備料的量）
洋蔥…100g
米醋…100g
砂糖…20g
鹽…11g
孜然籽…0.9g
孜然粉…0.4g
白胡椒…1g
菜籽油…300g

製作方法
將所有材料仔細混合。

雞肉的事前處理

雞胸肉去除筋之後，用流水稍微清洗。

切成便於食用的大小。以切得稍微大一點為佳。將整塊肉都撒上鹽。

為了加入香酥感，將帶皮的一面用噴槍火烤。在低溫調理法中，在2次加熱後或是裝盤前煎烤，都會導致沒有辦法做到「均一的成品」，所以在2次加熱前烤出焦香為基本。

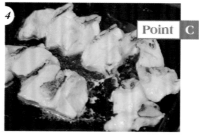

Point C

放進蒸氣模式、溫度70℃、中心溫度設定在65℃的蒸氣烤箱裡。以雞肉的中心為目標，確實插入中心溫度計。從蒸氣烤箱裡取出後，馬上將它弄涼。

蔬菜的預先處理

洋蔥切瓣，胡蘿蔔跟蘿蔔滾刀切，舞菇和杏鮑菇切成便於食用的大小，撒上鹽巴。

Point C

將蔬菜放置在烤盤上。配上蘿蔔進行加熱。放入蒸氣模式、溫度75℃，並把蘿蔔的中心溫度設定在70℃的蒸氣烤箱裡。蒸氣烤箱停止後，轉為蒸氣模式、溫度75℃加熱5分鐘。醃漬過的蘿蔔、胡蘿蔔口感好的話會比較美味，所以運用中心溫度的設定，請多次嘗試後，再決定放入蒸氣烤箱後要加熱幾分鐘。

從蒸氣烤箱裡取出後放到濾網上，去除水分後馬上將它弄涼。

2次加熱

Point A

將放涼的蔬菜、放涼的雞胸肉配上油醋醬混合。
要確實測量搭配的油醋醬分量後再倒進去。

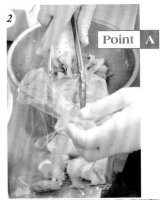

Point A

真空包裝用的袋子封口部分弄髒的話,就沒辦法
好好地打包,所以要向外摺1次以上之後再放入
食材。這邊以放入大袋子的模式來介紹。不是以
1人份來提供,而是作為配菜類來供應的,所以
放入大袋子裡2次加熱為佳。

Point C
Point F
Point G

擺在開孔的烤盤上,放進蒸氣模式、溫度65℃
的蒸氣烤箱裡20分鐘。讓蔬菜、雞肉的口感不
會因為2次加熱而改變,嘗試之後,決定出放入
蒸氣烤箱的時間。從蒸氣烤箱裡取出後,馬上
放進冰水裡,讓它在短時間內急速冷卻到5℃以
下。保存時,也以放在冰水裡的狀態拿進冰箱
裡,補充冰塊不讓它融化是非常重要的。

和142頁的涼拌捲心菜一樣用5℃以下來保存的料理,可以從袋子裡取出後就直接上菜。不
只有味道,連口感都能每次做得一模一樣,這就是真空低溫調理法的厲害之處。蔬菜會因為
季節而改變味道,所以隨季節重新斟酌的食譜非常重要。若是由有調理技術的人來製作,應用
範圍會變得更加廣泛的,這就是真空低溫調理法。

三田敬則 Mita·Takanori

Pure Respect 代表　新調理、真空低溫調理顧問

濃縮了長年經驗的調理技術並將它科學式地常數化,包含即使調
理經驗較少的人也能夠掌握的真空低溫調理在內,提供新調理系
統全面的技術。提倡藉由使用本技術來提升美味以及衛生品質,
可以讓工作更有效率。從真空低溫調理的專門工廠到小鎮內的家
常菜店面,相當廣泛地進行顧問工作。

長野縣須坂市大字小山549番地12
電話 090-4738-4045　　FAX 026-214-9675
電子郵件 tatatasan@docomo.ne.jp

本書所刊登的
料理材料與製作方式

兔背肉・肥鴨肝菜捲
佐橘香胡蘿蔔慕斯林醬

La Biographie… 　瀧本將博　　　　　　　　　　彩色版在 26 頁

※69：法國香草束是法式烹調中常用、捆成一束的香草組合。在燉煮前加入，煮好之後撈出來，可以增加香味。香草的組合沒有硬性規定，一般是三種香草，其中常見的兩種是百里香和月桂葉。

材料（4盤量）
兔背肉…1塊
碎菇醬※…10g
肥鴨肝…20g×2
菠菜…8片
（以下為一盤量）
胡蘿蔔慕斯林醬※…適量
糖漬日本金柑※…適量
黃色胡蘿蔔、紫色胡蘿蔔、橘色胡蘿蔔、
　迷你胡蘿蔔…各1塊
葉片芽菜…適量
鹽之花、黑胡椒…各數顆
兔肉肉汁※…適量

※ 碎菇醬
（備料的量）
洋蔥（切末）…50g
紅蔥頭（切末）…20g
奶油…適量
蘑菇等蕈菇類（切末）…共300g
鹽、胡椒…各適量
鮮奶油…80mℓ
巴西利（切末）…少量

1　用奶油將洋蔥、紅蔥頭炒過，炒出香味後加入蕈菇類。
2　炒熟之後，加入鹽、胡椒、鮮奶油慢慢熬煮。最後加入巴西利。

※ 胡蘿蔔慕斯林醬
（備料的量）
胡蘿蔔…200g
奶油…適量
橘子汁…適量
檸檬果汁…適量

1　胡蘿蔔切片後用奶油炒過，倒入橘子汁直到胡蘿蔔稍微露頭，一直煮到胡蘿蔔變軟為止。
2　倒入攪拌機裡，加入檸檬果汁攪拌。

※ 糖漬日本金柑
（備料的量）
日本金柑…100g
金合歡蜂蜜…10mℓ
水…適量

1　金柑連皮切丁切成5mm大小，加入金合歡蜂蜜、水直到金柑稍微露頭，將水分熬煮乾。

※ 兔肉肉汁
（備料的量）
兔骨、兔筋…共600g
洋蔥…250g
根芹菜…40g
韭蔥…50g
蒜頭…20g
番茄…150g
白葡萄酒…200mℓ
法國香草束※69…1束
水…適量

1　將所有的材料放入鍋裡，煮出兔子高湯。

做法
1　將兔背肉對半切開，用平底鍋把表面煎過。肥鴨肝用平底鍋把表面煎過之後冷卻。兔子背塗上碎菇醬。這部分要製作2個。
2　把稍微燙過的4片菠菜鋪在保鮮膜上，擺上1的材料捲成圓筒型。用竹籤之類的工具在2處戳洞之後，做成真空包裝。這部分要製作2個。
3　將2的材料放入蒸氣模式、溫度82℃的蒸氣烤箱裡8分鐘。從包裝裡取出，去除水分後保溫。
4　在盤裡裝入胡蘿蔔慕斯林醬，擺上用奶油和鹽（分量皆另計）煮過的黃色、紫色、橘色、迷你胡蘿蔔，以及糖漬日本金柑。把3的材料切成4塊，每1盤2塊，擺放得可以讓人看見切口，撒上鹽之花與磨碎的黑胡椒並擺上葉片類。淋上兔肉肉汁。

蕪菁燜藍龍蝦

La Biographie… 瀧本將博

彩色版在28頁

材料（2盤量）
藍龍蝦（切段）…10塊
藍龍蝦螫肉…2隻
星鰻…30g
百合根…6片
生麵筋…2塊
蕪菁…400g
蛋白…36g
鹽…5g
糖漬檸檬…5g
龍蝦庫利醬※…適量
黑松露（切末）…少量
鹽之花…數顆
葉片芽菜、香草植物…各少量

―――――――――――――

※ **龍蝦庫利醬**
（備料的量）
龍蝦殼、蝦膏…1kg
胡蘿蔔…350g
洋蔥…30g
韭蔥…100g
巴西利莖…400g
根芹菜…80g
紅蔥頭…100g
蒜頭…40g
番茄…200g
米…100g

番茄糊…60g
干邑白蘭地…100㎖
白葡萄酒…300㎖
魚高湯…500㎖
法國香草束…1束
龍蒿、辣椒、鮮奶油、鹽、胡椒、干邑白蘭地（最
後階段用）…各適量
奶油…100g
EXV.橄欖油…100㎖

―――――――――――――

1 龍蝦殼、胡蘿蔔、洋蔥切丁切成3cm大小。韭蔥、巴西利的莖切成3cm。
2 將橄欖油、1的材料、切碎的蒜頭和紅蔥頭、根芹菜以及龍蝦蝦膏放入鍋子裡，小心不要煮焦用小火一邊加熱 一邊淋滿番茄糊。加入干邑白蘭地、白葡萄酒。
3 加入切丁切成3cm的番茄、米、魚高湯後煮沸，去除白色泡沫。加入法國香草束、龍蒿、辣椒，用小火熬煮30～40分鐘。
4 像要把殼壓碎一般進行過濾，再度加熱，加入鮮奶油、鹽、胡椒、干邑白蘭地、奶油來調整味道。

做法

1 剝去蕪菁的厚皮，用攪拌機把蕪菁切大塊，加入鹽後移至過濾器之類的器具裡，放置15～20分鐘左右去除水分。
2 將蛋白打到乾性發泡，加入切丁切成

3cm大小的糖漬檸檬、1的蕪菁後攪拌，不要把泡沫弄散。
3 將龍蝦放入以1ℓ的水加入10㎖西洋醋、0.8g鹽（分量各另計）為比例的熱水中，維持在接近沸騰的狀態煮個7分鐘。剝殼取出螫肉，並把龍蝦身體肉切成圓筒狀。
4 在較深的容器裡，均衡地將3的龍蝦和螫肉、烤過的星鰻、稍微燙過的百合根、生麵筋排列起來，擺上2的蕪菁。用塑膠容器一類的器具讓它成形。這部分要製作2個。
5 放進蒸氣模式、溫度86℃的蒸氣烤箱裡10～12分鐘。當它鬆軟地凝固之後取出。
6 淋上打發的龍蝦庫利醬，撒上鹽之花、黑松露、葉菜類。

粉紅橘子的超薄水果塔

La Biographie… 瀧本將博

彩色版在30頁

材料（備料的量）
粉紅橘子…1顆
柑曼怡…10㎖
細砂糖…15g
海藻糖…適量
卡士達醬※…適量
酥皮※…1片
細蔗糖…適量
開心果、四川山椒…各少量

―――――――――――――

※ **卡士達醬**
（備料的量）
牛奶…250㎖
低筋麵粉…20g
細砂糖…50g
蛋黃…2顆量
香草…1/4根
干邑白蘭地…少量
1 放入蛋黃、細砂糖以及從豆莢內取出的香草，攪拌到變一片白為止。

2 將篩好的低筋麵粉加入1的材料裡，仔細攪拌將它們調和。
3 將香草豆莢和牛奶倒入鍋裡，加熱到人體溫度後加入2的材料裡。
4 再次倒回鍋裡，用中火並且不要將它煮焦，一邊攪拌一邊煮出濃度，直到不再結塊為止確實加熱過。
5 將4的材料過濾後，加入干邑白蘭地。

※ **酥皮**
（備料的量）
妃樂酥皮…5片
EXV.橄欖油…150㎖
4種香料粉…2g
糖粉…適量

1 在橄欖油裡混入4種香料粉。
2 用刷子把1的材料刷在妃樂酥皮上，撒上糖粉。疊上5片相同的酥皮。
3 用直徑8cm的圓形模具壓出形狀，均勻地撒上糖粉。擺上重石讓它不要向外捲曲，用烤箱模式、溫度150℃的蒸氣烤箱烤約15分鐘。

做法

1 將粉紅橘子縱對半切，與細砂糖、海藻糖、柑曼怡一起做成真空包裝。放進蒸氣模式、溫度86℃的蒸氣烤箱約2小時，皮變軟之後就放入冰箱冷卻。
2 將卡士達醬塗在酥皮上，以螺旋狀排放切片後的粉紅橘子。
3 均勻撒滿細蔗糖，並用噴槍烤成焦糖。撒上弄碎的開心果、四川山椒。

照燒羔羊 搭配辛香料與香草植物的香味

拉羅歐爾山王店　川島 孝

彩色版在32頁

材料（1盤量）
照燒羔羊…約60g
（備料的量）
　羔羊帶骨肩肉…1kg
　鹽…適量
　白胡椒…適量
　肉豆蔻…適量
　香菜（籽）…30顆
　八角（籽）…30顆
　孜然（籽）…20顆
　紅蔥頭（6等分）…6顆
　蒜頭…12片
　羔羊高湯※…3ℓ
　番茄（切丁）…2顆量
　百里香…適量
　迷迭香…適量
　月桂葉…適量
花椰菜塔布勒沙拉※…適量
甜椒醬※…適量
庫斯庫斯醬※…適量
香草植物類…適量
花椰菜（切片）…適量

※ 羔羊高湯
（備料的量）
羔羊骨…5kg
洋蔥…600g
胡蘿蔔…400g
紅蔥頭…600g
番茄…600g
蒜頭…1株
芹菜…100g
水…5ℓ

1 羔羊骨切過之後，用烤箱烤到出現金黃色。
2 蒜頭先煎過。其他蔬菜類切成3cm左右。
3 將所有材料放入鍋裡，加水直到食材稍微冒頭的程度後開火。用小火煮約3個小時。濾出羔羊高湯。

※ 花椰菜塔布勒沙拉
（備料的量）
花椰菜…200g
綠色橄欖…10顆
橄欖油…20g
鹽…適量
胡椒…適量

1 把花椰菜放入熱水裡，一邊攪拌一邊加熱（約5秒）。從冰水裡取出後擦乾水分。
2 用Robot Coupe食物理理機把1的材料攪拌細碎。
3 把2的材料放入盆子裡，拌上切好的綠橄欖、橄欖油，用鹽、胡椒調味。

※ 甜椒醬
（備料的量）
紅色甜椒…4顆
番茄（熟透）…7顆
橄欖油…60mℓ
蒜頭…2顆
紅椒粉…3g
埃斯佩萊特辣椒粉…3g
孜然粉…1〜2g
鹽…適量

---

1 番茄燙過之後剝皮，去除種籽。將種籽的部分過濾濾出汁來，果肉切丁切成1cm大小。
2 甜椒表面煎烤過，剝皮後切丁切成1cm大小。
3 在鍋裡熱好橄欖油，放入磨成泥的蒜頭。香味出來之後放入2的甜椒，煎到變軟之後，再加入1的番茄果肉和汁慢慢燉煮。（約30分鐘）最後倒入紅椒粉、埃斯佩萊特辣椒粉、孜然粉。
4 放入攪拌機攪拌後過濾，用鹽調味。

※ 庫斯庫斯醬
（備料的量）
洋蔥…1顆
西葫蘆…1/2根
紅色甜椒…1顆
胡蘿蔔…1根
庫斯庫斯…50g
熱水…50mℓ
A
┌ 番茄糊…70g
│ 38%鮮奶油…400mℓ
│ 牛奶…200mℓ
│ 馬斯卡彭起司…100g
│ 清湯…300mℓ
│ 哈里薩辣醬…5g
└ 庫斯庫斯香料…5g
鹽…適量
胡椒…適量

1 洋蔥、西葫蘆、紅甜椒、胡蘿蔔切丁切成1cm大小。
2 用熱水燜5分鐘左右把庫斯庫斯米蒸透。
3 在鍋裡熱好橄欖油，把1的蔬菜類炒過。變軟之後，放入2的庫斯庫斯、A的材料將它煮沸。再用小火燉煮（5〜7分鐘）。
4 放入攪拌機攪拌後過濾，用鹽、胡椒調味。

做法

1 在羔羊肩肉上撒上鹽、白胡椒、肉豆蔻來醃漬（約3小時）。醃漬過後，用平底鍋把兩面都煎到焦香。
2 將紅蔥頭和蒜頭放入鍋裡，稍微變色之後倒入羔羊高湯、番茄將它煮沸。
3 把1的材料放入較深的鐵盤裡，倒入2的材料。擺上百里香、迷迭香、月桂葉，放入組合模式、溫度130℃、水蒸氣量60%，中心溫度設定為90℃的蒸氣烤箱裡。
4 從蒸氣烤箱取出後，把煮好的湯汁過濾出來，將它煮乾煮到剩下一半為止。
5 去除羔羊肩肉的骨頭，切成約60g大小，一邊抹上4的材料一邊用明火烤箱烤出焦香。
6 將花椰菜塔布列沙拉裝到盤子上，擺上5的照燒羔羊。在周圍用甜椒醬、庫斯庫斯醬、香料蔬菜類、花椰菜切片做裝飾。

蕪菁的漂浮之島

拉羅歐爾山王店　川島 孝

彩色版在34頁

材料（1盤量）
漂浮之島…1個
（直徑5cm×高3cm的圓形模具12個）
京小蕪※70（帶葉）…6顆
Gelcrem hot修飾澱粉（增稠劑）…
20g
Albumina脫水乾燥蛋白粉（乾燥蛋白）…15g
Gelespessa玉米糖膠（增稠劑）…
2g
Goma garrofi角豆膠（增稠劑）…
0.75g
鹽…適量
蕪菁葉粉※…適量
蕪菁葉泥※…適量
大溪地萊姆粉…適量
漂浮之島※…1個
澳洲胡桃…適量
迷你蕪菁（帶葉）…1顆

※ 蕪菁葉粉
蕪菁葉…3顆量

1 將蕪菁葉放入烤箱模式、溫度70～80℃的蒸氣烤箱裡3小時30分鐘，讓它乾燥。
2 放入研磨攪拌機攪拌，打成粉末狀。

※ 蕪菁葉泥
蕪菁葉…2顆量
Gelespessa玉米糖膠（增稠劑）…5g

1 蕪菁葉燙過變軟之後放進冰水裡。去除水分之後切碎。留下少量燙過的湯汁。
2 將燙過的湯汁冷卻後，與1的材料放入攪拌機攪拌，用Gelespessa玉米糖膠增加濃度之後用濾網過濾。

※ 大溪地萊姆粉
大溪地萊姆油…適量
Maltosec高效能油脂轉換粉…適量

1 在盆子裡倒入大溪地萊姆油之後，加入Maltosec高效能油脂轉換粉，用打蛋器仔細攪拌。

做法

1 製作漂浮之島。先製作蕪菁泥。將3顆京小蕪清洗過後，切成1cm厚。剝皮的話會沒有香味，所以不剝皮直接使用。葉子用於蕪菁粉和蕪菁泥上。
2 用鍋子炒過，加水直到食材稍微露頭的程度，用小火煮。
3 變軟後將蕪菁取出，連同少量煮蕪菁的熱水一起倒入攪拌機攪拌後，用濾網過濾。
4 接著製作蕪菁水。把3顆帶皮的京小蕪直接放入榨汁機裡，只取出水分。
5 將4的材料倒入鍋裡煮開，撈去白色泡沫後過濾。
6 把3的蕪菁泥295g、Gelcrem hot修飾澱粉放入盆子裡打發。
7 把5的蕪菁水125g、Albumina脫水乾燥蛋白粉、Gelespessa玉米糖膠、Goma garrofi角豆膠放入盆子裡打發。把盆子泡進冰水的同時，用打蛋器攪拌打到八分發泡。Gelespessa玉米糖膠是充當卡士達奶油的作用。如果用沒有甜味的卡士達奶油，味道會變得比較圓潤。
8 將7的材料直接用橡膠刮刀分3次混合進6的材料裡。如果不一邊將它冷卻的話會逐漸消泡，所以要俐落地進行。注意不要讓泡沫消失。最後加鹽來調味。
9 在鐵盤排上圓形模具，把8的材料倒入八分滿，放進蒸氣模式、溫度82℃、濕度40%的蒸氣烤箱裡約20分鐘。
10 盤子撒上蕪菁葉粉，擺上漂浮之島。淋上蕪菁葉泥、澳洲胡桃、大溪地萊姆粉，再擺飾上烤過的帶葉迷你蕪菁。

※70：京都產的迷你蕪菁。

糖煮蘋果

拉羅歐爾山王店　川島 孝

彩色版在36頁

材料（1盤量）

糖煮蘋果…1顆
　紅玉蘋果…1顆
　30°波美度※[71]的糖漿…100g
　水…100g
　檸檬酸…2g
蘋果雪酪※…適量
萊姆果凍※…適量
慕斯優格※…適量
蘋果脆片※…2片

※ 蘋果雪酪
（備料的量）
糖煮紅玉蘋果…100g
蘋果汁…100g
Procrema冰淇淋穩定劑（穩定劑）…12g
＊帶皮紅玉蘋果直接切片，與「糖煮蘋果」一樣用糖水煮過。

1　將糖煮蘋果放入攪拌機攪拌，加入蘋果汁、Procrema冰淇淋穩定劑後過濾。
2　放進雪酪機裡做成雪酪。

※ 萊姆果凍
（備料的量）
水…200㎖
細砂糖…75g
萊姆汁…50g
吉利丁…7g
萊姆果皮…1顆量

1　先將吉利丁泡水泡發。
2　將水、細砂糖、萊姆果汁加溫後，加進1的材料裡。並將萊姆皮磨泥之後加入。混合之後冷卻。

※ 慕斯優格
（備料的量）
馬斯卡彭起司…80g
45%鮮奶油…40g
蜂蜜…40g
優格…200g
吉利丁…7g

1　將用水泡發的吉利丁和優格、蜂蜜倒入盆子裡，隔水加熱讓它們溶解在一塊。
2　與馬斯卡彭起司混合。
3　與八分發泡的鮮奶油混合。放進冰箱冷藏。

※ 蘋果脆片
（備料的量）
紅玉蘋果…1/2顆
30°波美度的糖漿…100g
檸檬酸…2g

1　將糖漿、水、檸檬酸混合。
2　將帶皮的紅玉蘋果直接用切片機切成0.5㎜的薄片，去除種籽。和1的材料一起做成真空包裝。
3　放入組合模式、溫度90℃、濕度25%的蒸氣烤箱裡5分鐘。
4　從蒸氣烤箱裡拿出來並從袋子內取出，夾在2片鐵板中間，一邊加壓一邊用90℃的烤箱模式烤乾燥。

做法

1　製作糖煮蘋果。把糖漿、水、檸檬酸混合。
2　將紅玉蘋果的上半部切開，除去果核。連同切開的上半部一起，與1的材料一起真空包裝。放入組合模式、溫度90℃、濕度25%的蒸氣烤箱裡15分～20分鐘。取出後放涼，放置一個晚上後剝皮。
3　將萊姆果凍倒入盤子裡，把糖煮蘋果擺在中間。
4　糖煮蘋果的果核處塞入蘋果雪酪，蓋上蘋果的蓋子。
5　擺上慕斯優格。將蘋果脆片立起來做裝飾。

※71：波美度（°Be'）是表示溶液濃度的一種方法。把波美比重計浸入所測溶液中，得到的度數便叫波美度。

第戎 肥鴨肝

gri-gri　伊藤 憲

彩色版在38頁

材料（備料的量）

肥鴨肝…1包（450g）

鹽、細砂糖…各適量

黑醋栗利口酒（醃泡汁）※…適量

芥末凍※…適量

法國香料麵包片※…適量

檸檬醋、薄荷油、黑醋栗利口酒
　…各適量

萊姆果皮…少許

※ 黑醋栗利口酒（醃泡汁）

（備料的量）

黑醋栗利口酒…750㎖

1 把500㎖的黑醋栗利口酒倒入鍋裡，煮乾煮到剩下1/3的量為止。

2 加入剩下的250㎖混合，將成品的量做成400㎖。

※ 法國香料麵包片

把法國香料麵包切薄切之後，做成乾燥麵包片。

※ 芥末凍

（備料的量）

芥末膏…300g

蛋白…100g

水…600g

吉利丁片（3g）…5片

1 把芥末膏、蛋白、水放入鍋裡，用手持攪拌器混合。一邊加熱一邊仔細攪拌，快要沸騰時，轉小火煮30～40分鐘。

2 做出清澈的汁之後過濾（Clarifie）。

3 加入浸泡過後的吉利丁片並將它溶解，倒進模具裡做成2㎜厚，將它冷卻凝固。

做法

1 肥鴨肝撒上鹽、砂糖，用保鮮膜包起來做成直徑3.5～4cm的圓柱型。

2 將它擺在鋪在鐵板的網子上，放入烤箱模式、溫度58℃、濕度0%、風量1（5段設定中的最小段）的蒸氣烤箱裡，把中心溫度設定在55℃加熱（1小時～1小時30分鐘）。

3 直接放進冰箱約半天，將它冷卻凝固。

4 取下保鮮膜，用黑醋栗利口酒的醃泡汁醃漬3天。

5 切薄片的肥鴨肝之間夾入法國香料麵包片，淋上檸檬醋和薄荷油，撒上萊姆外果皮。擺上整個切成圓形的芥末凍。

6 在盤子上用黑醋栗利口酒和薄荷油作畫，把切半的5塊肥鴨肝裝盤。

烏賊、青蘋果、榛果配契福瑞起司慕斯

gri-gri　伊藤 憲

彩色版在40頁

材料（備料的量）

榛果派

A

├ 榛果糊…110g

│ 無鹽奶油…70g

│ 蛋黃…2顆量

│ 蛋白…50g

│ 鹽…9g

└ 細砂糖…10g

低筋麵粉…300g

烏賊、青蘋果、榛果的塔塔醬

烏賊、青蘋果（分別切丁切成1cm大小）、榛果（烤過之後壓碎）…全部相同分量

B

├ 義大利巴西利（切碎）…少許

│ 檸檬醋、蒜油…各適量

└ 鹽、黑胡椒…各少許

（以下為1盤量）

契福瑞起司慕斯※…適量

日本柚子果皮…少許

米和烏賊墨的脆片※…1片（1盤量）

※ 契福瑞起司慕斯

（備料的量）

契福瑞起司…100g

優格…150g

牛奶…150g

鹽…6g

35%鮮奶油…80g

吉利丁片（3g）…1片

1 將浸泡過後的吉利丁片和剩下的材料放進Thermomix（附有加熱功能的食物調理機），一邊攪拌一邊加熱到80℃。充填進分子泡沫虹吸瓶裡，放進冰箱冷卻。

※ 米和烏賊墨的脆片

用米、烏賊墨、蔬菜清湯，製作出水分減少到極致的義大利燉飯，用保鮮膜包起來做成圓柱狀後冷凍起來。把半解凍的燉飯切片，用蒸氣烤箱乾燥，用200℃的油炸過之後撒上鹽。

做法

榛果派

1 按順序加入A的材料混合，加入篩過的低筋麵粉，再用食物調理機（Robot Coupe）進一步混合。

2 用保鮮膜把1的麵糰包起來，放進冰箱放置30分鐘。將它延展至2㎜厚，切開之後，放入環形的模具裡，再度放個30分鐘～1小時。

3 放入烤箱模式、溫度130℃、濕度0%、風量1的蒸氣烤箱內15～20分鐘後放涼。

烏賊、青蘋果、榛果的塔塔醬

1 將烏賊配上B的材料後醃漬。

2 供應時把剩下的材料混合。

最後階段

1 在盤裡放上1塊派皮，中間塞入烏賊、青蘋果與榛果的塔塔醬。用分子泡沫虹吸瓶擠出契福瑞起司的慕斯，撒上日本柚子皮，擺上米和烏賊墨的脆片。

玫瑰與辣椒的雪酪
添加草莓和覆盆子、優格醬

gri-gri　伊藤 憲　　　　　　　　　　　　　　彩色版在42頁

材料
優格（備料的量）
　牛奶…1000g
　A
　┌ 玫瑰（乾燥玫瑰、食用生玫瑰
　│　各半量）…25g
　│ 辣椒（義大利產）…2根
　└ 細砂糖…25g
　優格（名酪※72出品）…150g
（以下為1盤量）
草莓庫利醬…適量
玫瑰和辣椒的雪酪※…適量
B
┌ 草莓、覆盆子、覆盆子（冷凍乾燥）、
│ 香草植物的麵包丁、食用生玫瑰、薄
└ 荷…各適量
香檳餅乾…2片

※ 玫瑰和辣椒的雪酪
（備料的量）

A
┌ 水…1000g
│ 玫瑰（乾燥玫瑰、食用生玫瑰各半）…30g
│ 辣椒…2根
│ 薑（薄切）…40～45g
└ 細砂糖…500g
穩定劑…少許
萊姆果汁…100g

1 將A的材料放入鍋裡煮沸。蓋上保鮮膜放置15分鐘，讓香氣轉移（infuser※73）。過濾後，加入穩定劑、萊姆果汁攪拌。
2 把1的材料移至容器裡冷凍，用Paco Jet※74製作雪酪。

做法
優格
1 把牛奶煮開，放入A的材料蓋上蓋子，

放置15分鐘讓香味轉移（infuser）。
2 過濾之後移至消毒過的容器裡，完全冷卻之後，加入優格攪拌。
3 再次移至其他已經殺菌過的容器，關店後，放入烤箱模式、溫度56℃、濕度0%、風量1的蒸氣烤箱裡，加熱6個小時直到隔天。備料到這個階段，放入冰箱保存。

最後階段
1 在盤子上倒上一層圓形的草莓庫利醬，中間疊上優格並擺上玫瑰和辣椒的雪酪。撒上B的材料，添加香檳餅乾。

鵪鶉與山菜

Agnel d'or　藤田晃成　　　　　　　　　　　彩色版在44頁

材料
油封鵪鶉（1盤1隻腿）
（備料的量）
　鵪鶉腿肉…適量
　鹽…腿肉重量的1.2%
　海藻糖…腿肉重量的1%
　白胡椒…腿肉重量的0.1%
　蒜頭、薑、橄欖油…各適量
鵪鶉火腿（1盤1片）
（備料的量）
　鵪鶉胸肉…適量
　鹽…胸肉重量的1.2%
　胡椒…胸肉重量的0.1%
　海藻糖…胸肉重量的1%
山菜法式布丁（1盤1個）
（約15人份）
　油菜花泥※…100g
　蜂斗菜花蕾泥…20g
　鮮奶油…50g
　整顆雞蛋…50g
　鵪鶉清湯…70g
（以下為1盤量）
山菜青醬※…適量
山菜泡芙※…1個
醃漬細香蔥新芽…少量

※ 油菜花泥、蜂斗菜花蕾泥
都燙過之後做成糊狀。

※ 山菜青醬
（備料的量）
油菜花泥…50g
蜂斗菜花蕾…15g
帕瑪森起司…12g
橄欖油…5g
松仁…15g

1 將所有材料拌在一起。

※ 山菜泡芙
（備料的量）
鵪鶉清湯…70g
奶油…35g
油菜花泥…30g
蜂斗菜花蕾泥…20g
砂糖…2g
鹽…1g
低筋麵粉…40g
整顆雞蛋…1.5顆

1 將除了低筋麵粉和雞蛋之外的材料倒入鍋裡煮沸。
2 從火上拿開，將篩過的低筋麵粉一口氣加進去，仔細攪拌。
3 再度移到火上，一邊攪拌一邊煮去多餘的水分。
4 煮出光澤後從火上取下，一點一點加入化開的雞蛋。
5 裝入擠花袋裡，擠在烤盤上，放入烤箱模式、溫度180℃的蒸氣烤箱約10分鐘。膨脹之後關掉開關，就這樣放置。

做法
油封鵪鶉
1 在鵪鶉腿肉上撒鹽、海藻糖、白胡椒。與蒜頭、薑、橄欖油一起做成真空包裝，放入蒸氣模式、溫度88℃的蒸氣

烤箱裡約3小時。在常溫下放涼，去除餘熱之後，放進冰箱保存。
2 供應時用200℃的油把表面炸得香酥。
鵪鶉火腿
1 鵪鶉胸肉撒上鹽、胡椒、海藻糖，用保鮮膜包起來讓它成形。用蒸氣模式、溫度72℃的蒸氣烤箱來把中心溫度加熱到62℃。在常溫下放涼，去除餘熱後放進冰箱保存。
山菜法式布丁
1 將鵪鶉清湯之外的所有材料混合後過濾，倒入容器裡。蓋上保鮮膜，放入蒸氣模式、溫度88℃的蒸氣烤箱裡約30分鐘。
2 在溫的狀態下，淋上溫熱的鵪鶉清湯。
最後階段
1 把油封鵪鶉裝在盤子裡，添上山菜青醬。依序把山菜泡芙、醃漬細香蔥新芽、薄切的鵪鶉火腿疊起來裝盤。添上山菜法式布丁。

※72：名古屋製酪股份有限公司的簡稱。
※73：infuser是法國烹飪技巧的一種，就是把某種素材的香味，轉移到醬汁之類的東西上。
※74：一種調理機，可用來生產慕斯、餡料、調味料、冰淇淋。

沙鮻、蘆筍、肥肝、蕎麥果實、海藻

Agnel d'or　藤田晃成　　　　　　　　　　　　　　　彩色版在46頁

材料（備料的量）
沙鮻（1盤1尾）
　沙鮻…適量
　鹽…沙鮻重量的1%
　海藻糖…沙鮻重量的0.8%
　橄欖油…適量
蘆筍（1盤1/4根）
　綠色蘆筍…1根
　昆布…切丁切成5cm大小
　生火腿清湯…適量
　義大利鰻魚醬※…適量
肥鴨肝（1盤1片）
　肥鴨肝…適量
　鹽…肥鴨肝重量的1.2%
　海藻糖…肥鴨肝重量的1%
　胡椒…肥鴨肝重量的0.1%
　白波特酒、馬德拉酒…各適量
（以下為1盤量）
蕎麥果實※…適量
海藻醬汁※…適量
綠蘆筍（生）…適量
海帶芽（用烤箱乾燥）…適量
旱金蓮葉…1片

※**義大利鰻魚醬**
用日本鰻當原料製作的義大利發酵調味料

※**蕎麥果實**
蕎麥果實…適量
蘆筍加熱後的高湯（參閱「蘆筍」＜做法1＞）
　…適量

1 取出「蘆筍」＜做法1＞中蘆筍加熱後的汁液，
　拿來炊煮蕎麥果實。確實加熱到變軟為止。

※**海藻醬汁**
（備料的量）
生海帶芽…100g
夏多內葡萄醋…50g
生火腿高湯…50g
鹽、砂糖、橄欖油…各適量

1 把所有材料放入攪拌機裡，仔細讓它乳化。

做法
沙鮻
1 將處理過的沙鮻切成半條，撒上鹽和海
　藻糖，與橄欖油一起做成真空包裝，醃
　漬5個小時以上。
蘆筍
1 將所有材料做成真空包裝，用蒸氣模
　式、溫度100℃的蒸氣烤箱加熱1分30
　秒～2分鐘。隔水冰鎮來將它急速冷
　卻，直接連同袋子一起用冷藏保存。
肥鴨肝
1 肥鴨肝除去血管之後，弄成直徑4cm的
　圓柱型，塗滿鹽和海藻糖，與白波特
　酒、馬德拉酒一起做成真空包裝。
2 放進蒸氣模式、溫度70℃的蒸氣烤箱
　裡，直到中心溫度達到53℃為止。在
　常溫下放涼，去除餘熱之後放進冰箱保
　存。

最後階段
1 沙鮻帶皮的一面用噴槍炙烤，把它捲起
　來之後，在中央插上大致切過的蘆筍。
　這部分要製作2個。
2 肥鴨肝切片之後放在盤子上，擺上1的
　材料。將蕎麥果實、縱切薄片成緞帶狀
　的生蘆筍、海帶芽、旱金蓮裝盤，並添
　上海藻醬汁。

黑毛豬、新牛蒡、西洋菜、豬血腸

Agnel d'or　藤田晃成

彩色版在48頁

材料（備料的量）
黑毛豬（1盤80g、切丁切成4～5cm大小）
　黑毛豬（梅花肉）…適量
　小牛高湯…100g
　豬腳肉汁…50g
　紅葡萄酒…50g
　馬德拉酒…50g
　蜂蜜…20g
油封新牛蒡（1盤適量）
　新牛蒡…適量
　鹽…新牛蒡重量的0.8%
　海藻糖…新牛蒡重量的0.5%
　橄欖油…適量
豬血腸（1盤1球）
　豬血…100g
　洋蔥…100g
　黑毛豬義式培根…50g
　蒜頭、薑…各適量
　黑毛豬肉醬※…適量
　豬腳（燙過之後切末）…適量
　油封新牛蒡（如上述／切末）…適量
　豬網油…適量
（以下為1盤量）
　新牛蒡和豬血腸的泡沫※…適量
　西洋菜、西洋菜嫩芽、沙拉醬※
　　…各適量
　新牛蒡（切片）…適量

※ 黑毛豬肉醬
收集黑毛豬的肉末，撒上重量1%的鹽、0.8%的海藻糖、0.1%的胡椒後做成真空包裝，放入蒸氣模式、溫度90℃的蒸氣烤箱直到變軟為止。

※ 新牛蒡和豬血腸的泡沫
新牛蒡…適量
豬血腸（「豬血腸」＜做法3＞的成品）…適量
鹽…適量
牛奶…適量

1 把所有材料做成真空包裝，用蒸氣模式、溫度85℃的蒸氣烤箱加熱約1小時，並用網眼較小的錐形濾網過濾。
2 供應前將它打發。

※ 沙拉醬
用適量的純橄欖油和鹽，與少量的第戎芥末醬及義大利白香醋攪拌而成。

做法
黑毛豬
1 製作醃泡汁。將蜂蜜放入鍋裡，烤成焦糖色之後倒入紅葡萄酒、馬德拉酒。確實煮乾之後，倒入小牛高湯、豬腳肉汁，將它稍微煮乾。
2 用平底鍋把黑毛豬表面煎烤得香酥可口，與1的醃泡汁一起做成真空包裝，用蒸氣模式、溫度58℃的蒸氣烤箱加熱約1個小時。
3 供應前連醃泡汁一起倒入平底鍋內，用明火烤箱烤成焦糖色。

油封新牛蒡
1 把所有材料做成真空包裝，放入蒸氣模式、溫度90℃的蒸氣烤箱一個晚上（約8小時）。
2 供應前用200℃的油直接炸個2、3分鐘。

豬血腸
1 將洋蔥、蒜頭、薑放入鍋裡，炒到變成焦糖色，加入義式培根稍微拌炒。
2 把豬血加入1的材料裡，慢慢加熱到83℃。
3 去除餘熱，把豬腳、油封新牛蒡、黑毛豬肉醬混合。取適量弄成球形。
4 供應時用豬網油包起來，放入烤箱模式、200℃的蒸氣烤箱裡約2分30秒。

最後階段
1 把切好的黑毛豬、油封新牛蒡、豬血腸排列在盤子上。把拌上沙拉醬的西洋菜和西洋菜嫩芽、直接油炸過的新牛蒡切片，以及新牛蒡與豬血腸的泡沫裝盤。

椰子、大黃、草莓、扶桑花

Agnel d'or　藤田晃成　　　　　　　　　　　　彩色版在 50 頁

材料（備料的量）
糖煮大黃
大黃…100g
細砂糖…30g
扶桑花蛋白霜
蛋白…100g
Albumina脫水乾燥蛋白粉
（乾燥蛋白）…10g
海藻糖…100g
細砂糖…10g
扶桑花粉…適量
椰子雪酪※…適量
椰子冰沙※…適量
草莓…適量
扶桑花粉…適量

※ **椰子雪酪**
（備料的量）
椰子泥……250g
Trimoline轉化糖漿…40g
糖漿…35g
水…70g

1 將所有材料混合之後冷凍。
2 要供應時再放入Paco Jet裡製成雪酪。

※ **椰子冰沙**
（備料的量）
牛奶…300g
椰絲…50g

1 將牛奶稍微煮沸，加入椰絲轉移香味。香味轉
移後冷凍。
2 要供應時再放入Pacojet裡製成冰沙。

做法
糖煮大黃
1 將大黃切成約1cm大小，用30%的細砂
糖醃漬一晚。
2 將大黃滲出的水煮乾，與大黃一起做成
真空包裝。放入蒸氣模式、溫度85℃
的蒸氣烤箱約15分鐘。
扶桑花蛋白霜
1 將蛋白稍微打發，加入Albumina脫水
乾燥蛋白粉、海藻糖、細砂糖後，確實
打到乾性發泡。

2 裝入擠花袋擠成水滴形，撒上扶桑花
粉。
3 用矽利康墊擋住風，放入烤箱模式、溫
度100℃的蒸氣烤箱裡3個小時。取出
後將它放涼。
最後階段
1 將糖煮大黃置於盤子上，依序疊上切半
的草莓、椰子雪酪、扶桑花蛋白霜。撒
上椰子冰沙與扶桑花粉。

簡單煙燻的秋鮭與開心果 佐青豆醬

Restaurant C'est bien　清水崇充　　　　　　彩色版在 52 頁

材料
挪威秋鮭（魚肚）…適量
鹽…適量
砂糖…適量
櫻花木屑（煙燻用）…適量
綠花椰菜…適量
紅紫蘇芽菜…適量
青紫蘇芽菜…適量
食用花…適量
塔塔醬…適量
開心果…適量
青豆醬※…適量
檸檬醬※…適量

※ **青豆醬**
（備料的量）
豌豆…1kg
洋蔥（切末）…3顆量
鹽…適量
水…適量
EXV.橄欖油…適量

1 在鍋裡熱好EXV.橄欖油後炒洋蔥，加入豌豆。
2 加水直到食材稍露頭後煮過。
3 用攪拌機攪拌，用濾網過濾。
4 再次放入鍋裡加熱，調節濃度並用鹽調味。

※ **檸檬醬**
（備料的量）
46%鮮奶油…適量
檸檬果汁…適量
鹽…適量

1 將乳脂肪成分46%的鮮奶油打到七分發泡。
2 加入檸檬果汁攪拌，用鹽調味。

做法
1 秋鮭使用靠近頭側的1/4隻。頭側的魚
肉較厚。撒上秋鮭重量1.5%的鹽、少
許砂糖，在醃漬狀態下放置1天。
2 開心果切細碎，用160℃的烤箱烘烤個
5分鐘左右，不要將它烤出顏色。
3 將櫻花木屑放入炒鍋，擺上網子，把1
的秋鮭燻烤1分半鐘。
4 燻烤過的鮭魚放涼之後做成真空包裝，

放入組合模式、溫度38℃的蒸氣烤箱
裡30分鐘。從蒸氣烤箱取出後冷卻。
5 從袋裡取出的鮭魚切半（1盤100g）剝
皮，剝皮的部分塗上塔塔醬。塔塔醬的
部分沾上開心果。
6 盤子中間倒入一層青豆醬。在醬汁的側
邊把5的鮭魚裝盤。將檸檬醬汁裝盤
後，再把鹽水煮過的綠花椰菜裝盤。把
青紫蘇芽菜和紅紫蘇芽菜裝盤，撒上食
用花。

油封和牛頰肉
佐印加的覺醒薯泥與春季時蔬

Restaurant C'est bien　清水崇充　　　　　　　　　　　彩色版在54頁

材料（備料的量）

和牛頰肉…1kg
鹽…適量
胡椒…適量
紅葡萄酒…適量
小牛高湯…適量
抱子甘藍…適量
草蘇鐵嫩芽※75…適量
楤木嫩芽…適量
白蘆筍…適量
橄欖油…適量
奶油…適量
印加的覺醒馬鈴薯泥※…適量
蘑菇粉※…適量

※ **印加的覺醒馬鈴薯泥**
（備料的量）
印加的覺醒…500g
牛奶…適量
奶油…適量
鮮奶油…適量
鹽…適量

1 印加的覺醒帶皮直接用鹽水煮過之後，剝皮放入攪拌機攪拌，並用濾網過濾。
2 在鍋裡把1的材料與鮮奶油、奶油、牛奶混合，開火並且不要將它煮焦，一邊攪拌一邊炊煮。
3 用鹽調味。

※ **蘑菇粉**
（備料的量）
蘑菇…適量
油炸用油…適量

1 蘑菇直接油炸，放入攪拌機打成粉末狀。

做法

1 在和牛頰肉上，撒上肉重量1%的鹽與少許胡椒，以及差不多可以浸泡牛肉的紅葡萄酒一起做成真空包裝。放進組合模式、溫度70℃蒸氣烤箱裡36小時。取出後用急速冷卻機急速冷卻。
2 每當有人點餐就將它從袋裡取出，切成約2cm厚，用橄欖油把表面煎得酥脆。袋裡剩下的湯汁當成醬汁使用。
3 抱子甘藍、草蘇鐵嫩芽、楤木嫩芽、白蘆筍切成便於食用的大小。用平底鍋熱

好橄欖油，嫩煎之後用鹽來調味。

4 將牛頰肉從袋裡取出，把裡面的湯汁和小牛清湯倒入小鍋裡煮乾。加入奶油讓它變得鬆軟、光滑。
5 把印加的覺醒馬鈴薯泥裝盤。再擺上3的春季時蔬。從上面撒下蘑菇粉，醞釀出「大地」的氛圍。
6 淋上4的醬汁，把表面煎過的2的和牛頰肉裝盤。

香煎沾滿藜麥的竹節蝦
搭配竹節蝦義大利燉飯與花椰菜醬汁

Restaurant C'est bien　清水崇充　　　　　　　　　　　彩色版在56頁

材料（備料的量）

竹節蝦…3尾
鹽…適量
藜麥…適量
竹節蝦義大利燉飯※…適量
花椰菜醬汁※…適量
蛋黃…適量
麵粉…適量
EXV.橄欖油…適量
花椰菜（切片）…適量
旱金蓮葉…適量

※ **竹節蝦義大利燉飯**
（備料的量）
竹節蝦…120g
蒜頭…1瓣
洋蔥（切末）…2顆量
米…2kg
白葡萄酒…適量
白蘭地…適量
雞肉高湯…2000㎖
小番茄…4～5顆
蒔蘿…適量
奶油…適量
橄欖油…適量
EXV.橄欖油…適量
鹽…適量

1 去除竹節蝦的頭和殼，切成約2cm大小。番茄也切過，蒔蘿切細碎。
2 在平底鍋裡熱好橄欖油，將洋蔥、蒜頭爆香。接著加入生米拌炒，並用油將它包覆起來。倒入煮沸的雞肉高湯，沸騰之後蓋上蓋子，用小火煮15分鐘。
3 在別的平底鍋裡熱好橄欖油，把竹節蝦嫩煎，用白蘭地火燒※76之後，倒入白葡萄酒並煮去酒精成分。
4 將3的材料倒入2的材料裡，加入番茄、蒔蘿。
5 最後用奶油少許與鹽來調味，繞圈淋上EXV.橄欖油。

※ **花椰菜醬汁**
（備料的量）
花椰菜…1棵
洋蔥…1/2顆
雞肉高湯…適量
橄欖油…適量
鹽…適量

1 花椰菜切細碎，洋蔥切片。
2 在平底鍋裡熱好橄欖油，把1的花椰菜和洋蔥炒過。
3 加入雞肉高湯煮到變軟為止。
4 放入攪拌機，攪拌到變平滑為止。用濾網過濾後，用鹽調味。

做法

1 藜麥先用熱水煮15分鐘。
2 竹節蝦取下頭剝殼，去除背上的腸泥，串起竹籤讓背的部分不要彎曲。

3 竹節蝦的兩面撒上鹽。雖然要做成真空包裝，但直接包裝的話，會因為竹籤而把袋子戳破，所以用鋁箔把竹籤露在外面的部份覆蓋住之後，做成真空包裝。
3 放入組合模式、溫度60℃、中心溫度設定為55℃的蒸氣烤箱裡。
4 從蒸氣烤箱取出後，把竹節蝦沾滿麵粉、沾上蛋黃，把煮過的藜麥當成麵衣沾在背後。
5 在平底鍋裡熱好橄欖油，把4的沾有藜麥的蝦背用中火煎過。放入平底鍋之後，就不會再去動竹節蝦。將它烤到金黃酥脆。
6 將義大利燉飯裝到盤子上，把5的竹節蝦裝盤。旁邊擺上花椰菜醬汁。
7 把生花椰菜片和旱金蓮的葉子裝盤。

※75：原文為コゴミ，是草蘇鐵的嫩芽。草蘇鐵中文學名為莢果蕨，別名又叫黃瓜香。
※76：原文為Flambe，是一種在食材上倒入高酒精濃度的酒，使它燃燒並一口氣去酒精成分的技巧。

那須牛後腰脊肉 真空低溫調理 薄切生肉風

DA ISHIZAKI 石崎幸雄

彩色版在58頁

材料（6～7盤量）

那須牛後腰脊肉（2㎝厚）…500g
牛肉醃漬用
┌ 細砂糖…12g
│ 三溫糖…20g
└ 鹽…50g
氣泡水…適量
迷迭香…適量
蒜片…2片
橄欖油…適量
馬鈴薯…1顆
胡蘿蔔…1根
蘆筍…2根
蕪菁…1/2顆
小番茄…6顆
（以下為1盤量）
義大利香醋醬※…適量
紅葡萄酒醬※…適量
油醋醬※…適量
裂葉芝麻菜…適量
苦菜…適量
EXV.橄欖油…適量
帕瑪森起司…適量
橘子粉…適量
鹽…適量
胡椒…適量

※義大利香醋醬
把義大利香醋煮乾煮到剩下約一半為止。煮乾之後，加入鹽、胡椒，一點一點加入橄欖油的同時，一邊攪拌讓它乳化。

※紅葡萄酒醬
用奶油把洋蔥末炒到變得軟爛之後，加入錫蘭肉桂、月桂葉炒出香味。加入紅葡萄酒煮乾，再加入小牛高湯煮。取出月桂葉後倒入攪拌機攪拌。

※沙拉醬
把洋蔥、龍蒿、日本芥末、胡椒、砂糖、葡萄酒醋、檸檬汁用攪拌機混合之後，一點一點加入沙拉油的同時一邊仔細攪拌。

做法

1 切成2㎝厚的那須牛後腰脊肉，浸泡在氣泡水裡。氣泡水以ph值高的為佳。如果出現白色渣渣一類的東西就將它除去，仔細擦去水分。

2 塗滿鹽、三溫糖、細砂糖，做成真空包裝，放入蒸氣模式、溫度53℃蒸氣烤箱裡80分鐘。

3 從蒸氣烤箱中取出後，用冰水確實將它冷卻。

4 製作配菜。將馬鈴薯與迷迭香、蒜片、橄欖油和一撮鹽做成真空包裝，放入蒸氣模式、溫度85℃的蒸氣烤箱裡60分鐘。胡蘿蔔、蕪菁、蘆筍撒上橄欖油、鹽和胡椒，裝進有蓋子的容器裡，放入組合模式、溫度100℃的蒸氣烤箱裡45分鐘。

5 供應前，把冷卻的牛肉直接以真空包裝用80℃的熱水溫熱。供應時，從袋裡取出，用奶油把表面煎得香酥可口，切片切成5㎜厚。

6 將4的馬鈴薯切小塊，用奶油嫩煎。其他的蔬菜也切成統一的大小。

7 將切片的牛肉裝盤，上面擺上裂葉芝麻菜、苦菜沙拉。

8 將6的蔬菜擺在牛肉周圍做裝飾，淋上義大利香醋醬、紅葡萄酒醬，再撒上橄欖油、橘子粉，從上方削入帕瑪森起司。

抱子甘藍濃湯 64℃雞蛋與蒸鯛魚

DA ISHIZAKI　石崎幸雄　　　　　　　　　　　　彩色版在60頁

材料（1盤量）
抱子甘藍濃湯※…適量
64℃雞蛋※…1顆
蒸鯛魚※…2塊
發酵番茄※…適量
魚子醬…適量
迷你番茄…1/2顆
櫻桃小蘿蔔片…2片
油菜花…適量
苦菜…適量
裂葉芝麻菜…適量
帕瑪森起司…適量

※ 抱子甘藍濃湯
（4～5盤量）
抱子甘藍…500g
雞高湯…300㎖
綠花椰菜…100g
47%鮮奶油…110g
牛奶…40g
鹽…適量
橄欖油…適量

1 將抱子甘藍泡進高湯裡，配上鹽、橄欖油之後包上保鮮膜，放入蒸氣模式、溫度85℃的蒸氣烤箱裡50分鐘。
2 取出之後，加入鮮奶油、牛奶和綠花椰菜，放入蒸氣模式、溫度85℃的蒸氣烤箱裡25分鐘。
3 取出之後倒入攪拌機攪拌，並用網眼較細的圓錐形濾網過濾。

※ 64℃雞蛋
（2盤量）
雞蛋…2顆

1 在鍋裡把熱水煮開之後降到64℃。
2 將雞蛋放入64℃的熱水裡，放入蒸氣模式、溫度64℃的蒸氣烤箱裡26分鐘。
3 取出之後馬上用冰水冷卻，確實冷卻之後，剝殼將雞蛋取出。

※ 蒸鯛魚
（4盤量）
鯛魚肉塊…280g
帆立貝漿…100g
蛋白…1顆
鹽…適量
胡椒…適量

1 把鯛魚做成魚漿，與帆立貝漿、蛋白、鹽和胡椒混合。
2 用包鮮膜捲成大概3cm寬，將兩端扭緊後綁起來。
3 放入蒸氣模式、溫度85℃的蒸氣烤箱裡7分鐘。
4 取出後用冰水急速冷卻。要供應時將它切開，放入蒸氣模式、溫度85℃～90℃的蒸氣烤箱裡，溫熱約3分鐘之後裝盤。

※ 發酵番茄
（備料的量）
番茄…10顆
1 使用甜度較高的番茄。將番茄燙過之後剝皮，連種籽一起放入攪拌機攪拌。
2 倒入細長、高度較高的玻璃杯中，蓋上保鮮膜，放進冰箱約2天。
3 水分會沉積在下方，果肉會漂浮在上面。將上方清澈的部分當成醬汁使用。

做法
1 將抱子甘藍濃湯倒入容器裡，放入切好的蒸鯛魚和64℃雞蛋。
2 將發酵番茄淋在64℃雞蛋上，在蒸鯛魚上擺飾魚子醬。
3 用油菜花、迷你番茄、苦菜、櫻桃小蘿蔔、裂葉芝麻菜作裝飾，撒上起司粉。

低溫調理的天城軍雞 配烤馬鈴薯

DA ISHIZAKI　石崎幸雄　　　　　　　　　　　　彩色版在62頁

材料（16盤量）
天城軍雞帶骨雞腿肉…2隻量
雞腿肉調味料
┌ 迷迭香…適量
│ 百里香…適量
│ 橄欖油…適量
│ 蒜頭…少許
└ 鹽…雞腿肉重量的1%
天城軍雞雞胸肉…2隻量
義式肉腸…40g
帕瑪森起司…40g
麵包粉…適量
雞胸肉調味料
┌ 迷迭香…適量
│ 百里香…適量
│ 月桂葉…適量
│ 橄欖油…適量
│ 蒜頭…少許
└ 鹽…雞胸肉重量的1%

（以下為1盤量）
馬鈴薯…1/5顆
軍雞醬汁※…適量
橄欖油…適量
奶油…適量
橘子…2瓣
迷迭香…適量
黑胡椒…適量

※ 軍雞醬汁
將軍雞真空包裝加熱後，把袋裡殘留的湯汁移至鍋裡加熱。稍微煮乾之後，加入奶油和橄欖油仔細攪拌讓它乳化。

做法
1 將天城軍雞帶骨雞腿肉連同調味料一起做成真空包裝，放入蒸氣模式、溫度61℃的蒸氣烤箱裡8個小時。取出後用冰水急速冷卻。
2 切開天城軍雞雞胸肉，包住義式肉腸、起司以及麵包粉，用線網綁起來。使用較細的麵包粉，分量則是一邊斟酌的硬度一邊來調整。連同調味料一起做成真空包裝，放入蒸氣模式、溫度61℃的蒸氣烤箱裡4個小時。取出之後，用冰水急速冷卻。
3 馬鈴薯放入蒸氣模式、溫度85℃的蒸氣烤箱裡60分鐘。
4 供應前把雞腿肉、雞胸肉一起用80℃的熱水隔水加熱來溫熱。
5 從袋裡取出並切開，在裝盤時，用橄欖油和奶油將朝上的那一面煎過。因為雞肉已經烹調過所以很容易焦掉，要特別留意。
6 馬鈴薯切開，並且用奶油煎過之後裝盤。
7 在煎過的馬鈴薯上擺上雞腿肉、雞胸肉，淋上軍雞醬汁，撒上稍多的黑胡椒。配上橘子、迷迭香。

鮑魚、蘆筍

cenci　坂本 健　　　　　　　　　　　　　　　　　　彩色版在64頁

材料（備料的量）
活鮑魚…3個
（以下為1盤量）
白蘆筍（5ℓ大小）…1根
鹽…少許
鮑魚肝泥※…1大匙
奶油…5g
山椒嫩芽…適量
橄欖油…適量

※ 鮑魚肝泥
鮑魚肝（在「鮑魚、蘆筍」＜做法3＞中去除的材料）…適量

1 把右述做法3去除的鮑魚肝做成真空包裝，放入蒸氣模式、溫度100℃、濕度100%的蒸氣烤箱加熱20分鐘。
2 剝除1的肝上的外套膜，用鍋子將肝以及加熱時流出的肝的肉汁（汁液）加熱，並將它煮到水量剩下一半。
3 將2的材料倒入攪拌機攪拌，打成泥狀。

做法

1 將活鮑魚從水裡撈起，帶殼直接擺到鐵盤上，用蒸氣模式、溫度50℃、濕度100%的蒸氣烤箱蒸10分鐘。此時不使用棕刷之類的器具，表面完全不經刷洗過，好讓鮑魚肉不要變僵硬。
2 接著把溫度提高到68℃蒸5分鐘。從蒸氣烤箱取出，在干貝上插入鐵串，可以輕鬆截進去的話就是煮熟的狀態。放入急速冷卻機去除餘熱。
3 從急速冷卻機裡把2的材料取出，把刀插入殼裡挖出鮑魚肉，並將肝從鮑魚肉上去除。將鮑魚肉的表面洗過，放在烹飪加熱燈之類的器具下，保持中心溫度在40℃。不用的部分放入真空包裝機，也可以用冷凍保存。
4 白蘆筍剝皮，放入蒸氣模式、溫度85℃、濕度100%的蒸氣烤箱4分鐘。從蒸氣烤箱取出後，放入急速冷卻

機去除餘熱，降低表面的溫度。
5 鮑魚肝泥放進小鍋裡，放入奶油，用小火將它們混合。
6 在開了中火的平底鍋上倒入一層橄欖油，將4的蘆筍撒上鹽之後煎過。表面烤出金黃色後，將3的鮑魚加入平底鍋裡，迅速地把表面煎得香酥可口來添上香味。
7 將6的材料裝到容器裡，淋上5的醬汁，裝飾上山椒嫩芽。

蕪菁、金目鯛、黑松露

cenci　坂本 健　　　　　　　　　　　　　　　　　　彩色版在66頁

材料（備料的量）
聖護院蕪菁…淨重1200g
鹽…蕪菁重量的0.5%
增稠糖（黃原膠※77）
　　…蕪菁重量的0.15%
蛋白…180g
海藻糖…蛋白重量的20%
（以下為1盤量）
黑米和糯米的米飯※…20g
金目鯛※…30g
金目鯛魚高湯※…60mℓ
黑松露…適量

※ 黑米和糯米的米飯
黑米和糯米…同比例適量
昆布高湯…米的1.3倍量
鹽…米重量的0.5%

1 將昆布鋪在鐵盤上，放入鹽和米用保鮮膜包起來。
2 用蒸氣模式、溫度100℃、濕度100%的蒸氣烤箱加熱40分鐘。中途約20分鐘時取出，像要上下翻面一樣將它攪拌過。

※ 金目鯛
金目鯛…適量
鹽…金目鯛淨重的1%

1 金目鯛去鱗，去頭去尾並去除內臟後3枚切※78。稍微拍上一點鹽之後放入真空包裝機，放進冰箱一個晚上來讓它入味。

※ 金目鯛魚高湯
（備料的量）
金目鯛的剩餘部分…3尾量
水…2ℓ
昆布…50g
酒…30mℓ

1 用日本酒淋滿金目鯛的剩餘部分，放置約10分鐘。
2 將1的材料、水、昆布放入鍋裡，開火煮沸一次去除白色泡沫，降到75℃之後，維持在這個溫度炊煮40分鐘。最後成品約在1.7ℓ。

做法

1 剝去聖護院蕪菁的厚皮，並切成方便用攪拌機攪拌的大小。
2 用攪拌機把1的材料攪拌過，稍微變成糊狀之後加入鹽和增稠糖，接著將它確實攪拌，直到變滑潤為止。
3 將蛋白倒入盆子裡，加入海藻糖打到乾性發泡來製作蛋白霜。
4 將3的材料加進2的材料裡混合。蛋白容易消泡，所以蛋白霜完成後要一口氣將它混進去。
5 放到鐵盤或是保存容器一類的器皿裡，用蒸氣模式、溫度85℃、濕度100%的蒸氣烤箱加熱20分鐘。調理結束後，將用不到的部分去除餘熱後包上保鮮膜冷藏保存。要在2天內用完。
6 金目鯛切成一口大小，用噴槍炙烤。

7 將金目鯛魚湯倒入小鍋裡，用小火加溫。
8 依序將黑米與糯米的米飯、6的金目鯛裝盤，疊上1.5大匙5的材料。用蒸氣模式、溫度88℃、濕度100%的蒸氣烤箱溫熱6分鐘。
9 把7的魚湯倒入8的材料裡，裝飾上黑松露片。

※77：音譯作三仙膠，俗稱玉米糖膠、漢生膠、山羊膠。通常由玉米澱粉製造，是一種食品增稠劑。
※78：三枚切是一種魚的處理方式，把切頭並去掉內臟的魚，切成左半、右半和中間帶魚骨的部分。

竹筍、油菜花、黑蒜頭、今歸仁阿古黑豬

cenci　坂本 健

彩色版在68頁

材料（備料的量）
今歸仁阿古豬五花肉…500g
鹽…豬肉重量的0.9%
（以下為1盤量）
竹筍※…20g
油菜花…適量
黑蒜頭醬汁※…適量
起司（Majiyakuri起司※79）…5g
EXV.橄欖油…少許

※ 竹筍
材料
竹筍…適量
水…2kg竹筍比10ℓ的水

1 竹筍剝去其他外皮只留下2片皮，把筍肉放入壓力鍋，倒入食譜分量的水，覆蓋上竹筍皮當蓋子來代替鍋中蓋。
2 開大火，當蒸氣從壓力鍋咻咻冒出8分鐘後關火，就這樣放置半天。
3 經過半天之後，從鍋裡將竹筍取出，剝掉剩下的皮用水洗過之後真空保存。

※ 黑蒜頭醬汁
黑蒜頭…適量
鯷魚…黑蒜頭重量的10%
EXV.橄欖油…少量

1 黑蒜頭剝皮，與鯷魚以及讓攪拌機可以順暢迴轉的量的EXV.橄欖油一起放入攪拌機裡打成糊狀。

做法
1 豬五花肉切塊，撒上0.9%分量的鹽，做成真空包裝冷藏整整一天。
2 將1的材料放入開中火的平底鍋，把帶皮的一面煎烤出金黃色。
3 將2的材料放入真空包裝機，用蒸氣模式、溫度90℃、濕度100%的蒸氣烤箱加熱90分鐘。
4 從包裝裡取出，擺放到網子上，用打開調節風門的烤箱模式、溫度95℃、濕度0%的蒸氣烤箱加熱15～20分鐘。
5 竹筍切片切成1盤20g，在開中火的平

底鍋裡倒入一層橄欖油，把兩面煎得恰到好處帶點焦香。
6 將油菜花用蒸氣模式、溫度100℃、濕度100%蒸1分鐘，放入急速冷卻機急速冷卻，將它切粗末並拌上黑蒜頭醬汁。
7 將4的豬五花肉切厚片。用不到的部分作成真空包裝保存起來。
8 將5的材料裝到容器裡，疊上7的材料，再擺上6的材料和切片後的起司，灑上少量的EXV.橄欖油。

※79：由日本吉田農場出品的起司名稱，Majiyakuri（マジヤクリ）據說是農場附近的古地名。

兔肉仿鮪魚

Ristorante i-lunga　堀江純一郎

彩色版在70頁

材料（2包、15～20人份）
兔子…1隻
蒜頭（切片）…1片量
鹽、胡椒…各適量
洋蔥…1/2顆
胡蘿蔔…1/6根
芹菜…10cm
※洋蔥、胡蘿蔔、芹菜的比率為6.5：1.5：2.5。
　迷迭香、藥用鼠尾草、百里香、巴西利
　的莖、月桂葉…全部共一把
EXV.橄欖油…80mℓ
白葡萄酒…60mℓ
貝比生菜※80、西洋蒲公英之類的葉菜
　類…少量
EXV.橄欖油…少量
10年熟成的義大利香醋…少量

做法
1 將處理好的兔子各部位較厚的部分割一刀夾入蒜頭。用風箏線綁住，均勻地撒上鹽、胡椒。
2 將所有蔬菜切絲，配上切成同樣大小的香草植物大致混合一下。
3 將半隻兔子放入包裝裡，放入各一半的2的蔬菜和香草植物、橄欖油、白葡萄酒，並做成真空包裝。這部分要製作2袋。
4 放入蒸氣模式、溫度100℃、蒸氣量100%的蒸氣烤箱的中層1個小時，放在常溫下放涼。
5 將兔子肉切開，把背、前腳、後腳、腹部、臉頰等部位一點一點分出來。
6 將它高高地疊在盤子上，用貝比生菜、西洋蒲公英等葉菜類作裝飾。再添上橄欖油和義大利香醋。

※80：原文為Baby Leaf，其實就是當季蔬菜的嫩葉，冬季栽培約25天，夏季則是15天。

豬油捲鮟鱇魚

Ristorante i-lunga　堀江純一郎　　　　　　　　　　彩色版在72頁

材料（4人份）
鮟鱇魚…1尾（200g左右）
迷迭香…1枝
羅勒…2、3片
檸檬果皮…適量
鹽、胡椒…各適量
豬油…只需能包住鮟鱇魚的面積量
醬汁※…適量
鮟鱇魚皮和魚肝的法式肉凍※…適量
葉菜類…少量

※ 醬汁
（備料的量）
松仁（烘烤過）…適量
乾燥番茄（用白葡萄酒泡發）…適量
苦艾酒（煮乾一半）…適量
檸檬果汁、奶油、鹽、胡椒…各適量

1 把松仁、切粗碎的乾燥番茄、苦艾酒放到火上烤。
2 淋上一圈檸檬果汁，加入奶油讓它變得鬆軟、光滑，再用鹽、胡椒調味。

※ 鮟鱇魚皮和魚肝的法式肉凍
（備料的量）
鮟鱇魚的肝、皮、剩餘的部分…1尾量
鹽、胡椒、馬薩拉酒…各適量
EXV. 橄欖油、白葡萄酒、檸檬果汁、葛拉姆馬薩拉※81…各少量
吉利丁片…液體量的2%

1 將肝放血後用鹽、胡椒、馬薩拉酒醃漬，包上保鮮膜後用蒸籠蒸10分鐘。
2 用加入檸檬果汁的熱水，把魚皮和剩餘的部分煮出高湯。煮出高湯之後將它過濾，取出魚皮把剩下的湯再度煮乾。加入橄欖油、葛拉姆馬薩拉以及2%的吉利丁，讓它冷卻並凝固來做成肉凍。
3 用2的皮把肝捲起來，讓它冷卻並凝固。
4 將3的材料切圓片，添上2的肉凍。

做法
1 鮟鱇魚處理好之後將其中一面切成一半，中間撒上切好的香草植物、磨成泥的檸檬果皮以及鹽、胡椒後合起來。
2 將切片切好的豬油排在保鮮膜上，包住

鮟鱇魚並捲起來，再包上一層鋁箔紙。鋁箔紙的兩端要確實扭緊。
3 放入烤箱模式、溫度68℃的蒸氣烤箱，加熱直到中心溫度達到58℃。
4 供應前用平底鍋把表面煎烤過，稍微將它溫熱。切成3cm寬。
5 淋上醬汁，與鮟鱇魚皮和魚肝的法式肉凍、葉菜類一起裝盤。

※81：Garam masala，直譯為綜合辛香料，由多種辛香料磨成粉末混合而成，是綜合多種辛香料的辛辣調味料，但不像辣椒那麼強烈，常見於印度北部和南亞烹飪中，可以單獨或配以其他調味料使用。

香草醬

Ristorante i-lunga　堀江純一郎　　　　　　　　　　彩色版在74頁

材料（備料的量）
蛋黃…3顆的量
細砂糖…38g
香草…2、3根
檸檬果皮…1片
42%鮮奶油…200g
裝盤
巧克力蛋糕、瑞扣塔起司蛋糕※82、糖煮日本金柑、橘子風味瓦片※83、草莓、橘子、薄荷…各一塊

做法
1 將蛋黃、細砂糖攪拌到變一片白。
2 加入從豆莢內取出的香草、檸檬皮後，稍微攪拌一下。
3 直接加入鮮奶油混合，做成真空包裝。
4 擺到鐵盤上，放入蒸氣模式、溫度90℃、蒸氣量100%的蒸氣烤箱裡25分鐘。
5 不要讓餘熱影響成品，時間結束後馬上取出，隔冰水急速冷卻，冷卻之後過濾。
6 與烤甜點、水果等一起裝盤。

※82：Ricotta起司蛋糕，又稱輕乳酪起士蛋糕、里考塔起司蛋糕。
※83：Tuile，在法文中是屋瓦的意思，也用來指甜點旁邊薄薄、彎彎的脆片。

燉煮牛角蛤與當季時蔬

erba da nakahigashi　中東俊文

彩色版在76頁

材料（1盤量）
牛角蛤…1顆
帆立貝幼貝…適量
燈塔螺※84…適量
苤藍※85…適量
白菜的花…適量
寶塔花菜※86…適量
葉洋蔥※87…適量
紫色蘿蔔…適量
秋天詩※88…適量
香菇…適量
日本金柑…適量
迷迭香…適量
EXV.橄欖油…適量
鹽（越南乂安產）…適量

做法
1　貝類從殼裡挖出後清潔乾淨。蔬菜類分別切成一口大小。
2　在牛角貝的殼上擺上貝類和蔬菜類，淋上EXV.橄欖油和鹽。
3　放入組合模式、溫度230℃、水蒸氣量50%的蒸氣烤箱裡10分鐘。
4　從蒸氣烤箱內取出，分裝到盤子上。

※84：日本一種貝類的俗稱，泛指細長螺旋狀的螺、貝類。
※85：一般俗稱的大頭菜，又稱撇藍、擘藍、芥蘭頭。
※86：又稱寶塔花椰菜、羅馬花椰菜。
※87：指在鱗葉開始生長、膨脹前，直接帶葉採收的洋蔥。
※88：原文為オータムポエム（秋天詩），又稱アスパラ菜（蘆筍菜），是以紅菜薹與菜心雜交栽培出的蔬菜。

寬花鱸與蒸季節時蔬
佐烏賊墨庫斯庫斯與酸模湯

erba da nakahigashi　中東俊文

彩色版在78頁

材料（1盤量）
寬花鱸（肉塊）…1塊
紅皮蘿蔔…適量
紅洋蔥…適量
葉洋蔥…適量
五寸胡蘿蔔…適量
芹菜…適量
玉簪※89…適量
楤木嫩芽…適量
蕪菁…適量
EXV.橄欖油…適量
鹽…適量
水稻醬汁※…適量
烏賊墨庫斯庫斯※…適量

※ 水稻醬汁
（備料的量）
水稻…50g
水…250g
鹽…適量

1　將水稻放入水裡，放進蒸氣模式、溫度63℃蒸氣烤箱裡3個小時。
2　從蒸氣烤箱取出後過濾。
3　用鹽調味。

※ 烏賊墨庫斯庫斯
（備料的量）
庫斯庫斯…200g
烏賊墨…20g
清湯…100g
檸檬果皮…適量
義大利巴西利…適量
EXV.橄欖油…適量
鹽…適量

1　將庫斯庫斯、烏賊墨、清湯仔細攪拌。用蒸氣模式、溫度100℃的蒸氣烤箱加熱15分鐘。
2　從蒸氣烤箱內取出，用檸檬皮、義大利巴西利、EXV.橄欖油、鹽來調味。

做法
1　將紅皮蘿蔔、紅洋蔥、葉洋蔥、五寸胡蘿蔔、芹菜、玉簪、楤木嫩芽切絲。
2　寬花鱸帶皮面朝上，在帶皮面上劃出兩道刀痕。淋上EXV.橄欖油和鹽，放入蒸氣模式、溫度85℃的蒸氣烤箱裡5～6分鐘。
3　將水稻醬汁裝到盤子上，並把2的寬花鱸裝盤。輕輕地將蔬菜類擺在寬花鱸上。再把烏賊墨的庫斯庫斯裝盤。

※89：原文為オオバギボウシ，又稱大葉擬寶珠、大葉玉簪。

義大利香醋烤南之島豬、山椒嫩葉青醬

erba da nakahigashi　中東俊文

彩色版在80頁

材料（1盤量）
乾式熟成豬肉（栗子肉）…100g
鹽…適量
竹筍…適量
薤白…適量
義大利香醋醬※…適量
山椒嫩葉青醬※…適量

※ 義大利香醋醬
（備料的量）
5年的義大利香醋…200㎖
細砂糖…15g
生火腿清湯…50㎖

1 將細砂糖放入鍋裡開火。
2 細砂糖變成金黃色之後，一口氣加入生火腿清湯。
3 焦糖確實融化之後，把所有的義大利香醋加進去，用小火炊煮20分鐘左右。

※ 山椒嫩葉青醬
（備料的量）
山椒嫩葉…60g
帕瑪森起司粉…6g
松仁…12g
乾燥番茄…7g
純橄欖油…180g
蒜頭…6g

1 用攪拌機把所有材料仔細攪拌。

做法

1 用烤箱模式的蒸氣烤箱把竹筍烘烤過。
2 豬肉撒上鹽做成醃漬狀態。
3 豬肉油脂的部分，以45度角的角度劃入格子狀的切痕。這是為了用炭火烤時易於去除油脂，而帶點角度來劃入切痕。
4 將3的豬肉放到鐵盤上，放入烤箱模

式、溫度80℃、中心溫度設定在56.5℃的蒸氣烤箱裡。
5 從蒸氣烤箱取出後，把豬肉放置在約40℃稍微溫暖的場所。用餘熱讓它達到59℃。
6 豬肉插上鐵串，肥肉朝下用炭火燒烤。
7 一邊將義大利香醋醬淋到豬肉上，一邊烤個5～6分鐘後切開。
8 將山椒嫩葉青醬的醬汁倒入盤子裡。擺上1的竹筍，擺上切好的豬肉。再放上薤白。

西班牙料理

雞蛋Bonbon

3BEBES　平野恭譽

彩色版在82頁

材料（直徑6㎝的圓形模具6個）
整顆雞蛋…8顆
蛋黃…10顆
生火腿…適量
西葫蘆切片※…2片
Ajada香蒜油※90※…適量
馬鈴薯的分子泡沫※…適量
食用花…適量

※ 西葫蘆切片
（備料的量）
西葫蘆（薄切）…1/2根量
橄欖油…適量

1 將紙巾鋪在烤盤上，排上切片的西葫蘆，用蒸氣模式、溫度100℃的蒸氣烤箱加熱1分鐘。
2 從蒸氣烤箱取出放涼之後，淋上橄欖油。

※ Ajada香蒜油
（備料的量）
Ajada（燻製紅椒粉）…30g
月桂葉…1片
蒜頭（切末）…2瓣量
洋蔥（切末）…1顆量
橄欖油…400㎖
白葡萄酒…100㎖
葡萄酒醋…100㎖

1 用橄欖油花上約2小時，低溫慢慢煮炊洋蔥末、蒜末、月桂葉。
2 放入紅椒粉。因為紅椒粉容易烤焦，所以放進去之後，倒入白葡萄酒和葡萄酒醋關火。
3 放置1天，只把上層清澈的油拿來當醬汁使用。

※ 馬鈴薯分子泡沫
（備料的量）
馬鈴薯…500g
水…1000㎖
鹽…15g
煮過的湯汁…100g
38%鮮奶油…150g
EXV.橄欖油…150g

1 馬鈴薯剝皮，用食譜分量的水、鹽，將它到完全變軟為止。
2 將煮過的馬鈴薯配上煮過的湯汁、鮮奶油、橄欖油之後，倒入攪拌機攪拌。
3 將2的材料裝填進分子泡沫虹吸瓶裡。

做法

1 將整顆雞蛋與蛋黃用2比1的比例混合，做成真空包裝。放入蒸氣模式、溫度69℃的蒸氣烤箱裡35分鐘。讓它變成處在液體和固體中間的奶油狀，從蒸氣烤箱取出後用冰水急速冷卻。
2 圓形模具包上保鮮膜，讓它在圓形模具

中鬆弛變成半球形。將1的材料擠入，到模具深度的一半。
3 上面打入1顆蛋黃，再從上面將1的材料擠入後鋪平，在表面蓋上保鮮膜。放入蒸氣模式、溫度90℃的蒸氣烤箱裡8分～10分鐘。一邊斟酌表面凝固的狀態，一邊調節時間。
4 連同西葫蘆、生火腿一起裝盤，添上Ajada香蒜油、馬鈴薯的分子泡沫，再裝飾上食用花。

※90：Ajada為西班牙的一種醬汁，用蒜蓉汁、橄欖油、紅椒粉等混合。

烤帶骨雞腿肉

3BEBES　平野恭譽

彩色版在84頁

材料（2盤量）
雞腿肉（帶骨）…2根
橘子皮…適量
檸檬皮…適量
蒜頭（壓爛）…2瓣
月桂葉…適量
干邑白蘭地…適量
白胡椒…適量
甜椒醬※…適量
橄欖油…適量
巴西利（切末）…適量

※ 甜椒醬
Piperade…適量
洋蔥…適量
蒜頭…適量
百里香…適量
葡萄酒醋…適量
鹽…適量
橄欖油…適量

1 將Piperade（醃漬烤甜椒）切絲。
2 洋蔥切絲，與壓爛的蒜頭、百里香和1的材料用橄欖油炒過。
3 洋蔥變軟之後倒入醋，用鹽調味。

做法
1 將雞腿肉與橘子皮、檸檬皮、壓爛的蒜頭、月桂葉、干邑白蘭地、白胡椒做成真空包裝。放入蒸氣模式、溫度67℃的蒸氣烤箱裡6小時到8小時。帶骨的肉每次加熱的狀況未必一樣，所以要一邊察看狀況一邊調整加熱時間。
2 從蒸氣烤箱取出後，用冰水急速冷卻。
3 營業時間中，用64℃的恆溫水槽保溫。每當有人點餐就從袋裡取出，用橄欖油將表面煎過。帶皮的一面仔細煎過。
4 裝到容器裡，淋上甜椒醬。撒上切末的巴西利。

油封伊比利亞豬舌

3BEBES　平野恭譽

彩色版在86頁

材料（備料的量）
伊比利亞豬舌（已剝皮）…2根
百里香…適量
薑泥…適量
蒜泥…適量
月桂葉…適量
黑胡椒…適量
橄欖油…適量
草莓和貝比生菜的沙拉※…適量
橡子糊※…適量
橄欖油…適量

※ 草莓和貝比生菜的沙拉
草莓…適量
貝比生菜…適量
義大利香醋…適量
橄欖油…適量
油封豬舌的肉汁…適量
鹽…適量

1 濾出豬舌油封時袋裡剩餘的肉汁。
2 將義大利香醋與1的材料、橄欖油攪拌，用鹽調味。
3 將縱對半切的草莓和貝比生菜，拌上2的沙拉醬。

※ 橡子糊
橡子粉…適量
高湯…適量
鹽…適量

1 把湯汁加到橡子粉裡做成糊狀。
2 用鹽調味。

做法
1 將剝皮並清潔過的豬舌，與百里香、薑、蒜頭、月桂葉、黑胡椒、橄欖油做成真空包裝。放入蒸氣模式、溫度70℃的蒸氣烤箱裡12個小時。取出後放入冰水急速冷卻。
2 將油封豬舌從袋裡取出後薄切，裝入容器裡。袋裡剩下的肉汁要拿來當作草莓和貝比生菜的沙拉醬，所以要保留下來。
3 擺上草莓和貝比生菜的沙拉。
4 添上橡子糊，最後淋上橄欖油。

鐵板燒肥鴨肝與金時胡蘿蔔

ZURRIOLA　本多誠一　　　　　　　　　　　　彩色版在88頁

材料（1盤量）
肥鴨肝…50g
鹽、胡椒…各少許
金時胡蘿蔔沙拉醬※…適量
金時胡蘿蔔海綿蛋糕※…適量
雪莉酒醋酒凍※…1個
金時胡蘿蔔（煮過的、切片切成緞帶
狀）…各適量
豬背脂（鹽漬）、開心果、栽培酸模的嫩
葉…各適量

※ 金時胡蘿蔔沙拉醬
（備料的量）
金時胡蘿蔔…適量
EXV. 橄欖油…榨胡蘿蔔汁的20%
雪莉酒醋…榨胡蘿蔔汁的5%
鹽、胡椒…各少許

1 將金時胡蘿蔔放入果汁機，榨出胡蘿蔔汁。混
入橄欖油、雪莉酒醋，用鹽、胡椒調味。

※ 金時胡蘿蔔海綿蛋糕
（備料的量）
金時胡蘿蔔泥…630g
整顆雞蛋…555g
砂糖…300g

A
```
低筋麵粉…300g
杏仁果粉…225g
發粉…45g
鹽…10g
```
融化的奶油…300g

1 製作金時胡蘿蔔泥。金時胡蘿蔔切成稍大塊，
用鋁箔紙確實包起來。用烤箱模式、溫度
190℃、風量1/2來烘烤約1小時。倒入攪拌機
攪拌。
2 用打蛋器混合雞蛋、砂糖，並加入1的材料攪
拌。一點一點加入篩過的A的材料，不要把泡沫
破壞掉，用橡膠刮刀之類的器具攪拌。加入融
化的奶油攪拌。
3 倒入舖有烤盤紙的烤盤，用鋁箔紙當蓋子，放
入烤箱模式、溫度160℃、風量1/2的蒸氣烤箱
裡30分鐘。去除鋁箔紙，再加熱個10〜15分鐘
直到烤出漂亮的顏色為止。切成小塊。

※ 雪莉酒醋酒凍
（備料的量）
雪莉酒醋…40㎖
砂糖…60g
洋菜＊…0.5g
吉利丁片（2g）…1.5片
水…100㎖
＊一種混合了海藻和種子萃取物的稠化粉。透明度
高，散發美麗的光澤。

1 將砂糖、洋菜、水放入鍋裡煮沸，加入浸泡過的
吉利丁將它溶解。
2 稍微去除餘熱之後，加入雪莉酒醋攪拌，倒入模
具裡讓它冷卻凝固。切丁切成1.5cm大小。

做法
1 肥鴨肝撒上鹽、胡椒，兩面都用平底鍋
煎出漂亮的顏色。放置一會讓裡面恢復
到常溫。
2 擺到托盤上，放入蒸氣模式、溫度
90℃、濕度100%、風量1/2（在全風
量和1/2風量的2段設定中選擇1/2風
量）的蒸氣烤箱裡3分鐘〜3分30秒。
3 倒入一層金時胡蘿蔔的沙拉醬在盤子
上，把切成一半的肥鴨肝裝盤。擺上開
心果，添上捲有豬背脂的金時胡蘿蔔海
綿蛋糕、雪莉酒醋酒凍、2種金時胡蘿
蔔、開心果，裝飾上酸模嫩葉。

烤箱烘烤帶骨鰈魚

ZURRIOLA　本多誠一　　　　　　　　　　　　彩色版在90頁

材料（1盤量）
鰈魚（帶骨的肉塊）…1塊（140g）
Pil Pil醬※…適量
炒日本水菜與番茄※…適量
日本水菜…適量
濃鹽水…適量
橄欖油…適量

※ Pil Pil醬
（備料的量）
葵花仔油…適量
蒜頭…適量
紅辣椒（乾燥）…適量
魚高湯＊（煮乾煮到剩下一半）…適量
吉利丁片…適量
＊用水、酒、昆布，搭配上燙成白色並清理過的白
肉魚剩餘部分，花30分鐘熬煮出來的高湯。

1 在鍋裡加熱葵花仔油，加入蒜頭、紅辣椒轉移
香味，過濾之後放涼。
2 將浸泡過的吉利丁片加入魚高湯裡融化。一點
一點加入1的材料攪拌，讓它乳化。

※ 炒日本水菜與番茄
（備料的量）
日本水菜…適量
番茄…適量
松仁（壓碎）…適量
綠橄欖（切碎）…適量
蒜頭（切末）…適量
EXV. 橄欖油…適量
鹽…少許

1 水菜切成2cm長，番茄切成小丁。
2 在平底鍋裡熱好橄欖油和蒜頭，香味出來之
後，加入1的材料、松仁、綠橄欖炒過，並用鹽
調味。

做法
1 鰈魚做好事前處理，準備好帶骨的魚肉
塊。噴上濃鹽水，放置5分鐘讓它入
味。再次撒上鹽水，並淋上橄欖油。
2 擺到托盤上，放入設定為組合模式、溫
度160℃、濕度40%、風量100%的蒸
氣烤箱裡約4〜6分鐘。

3 放置在溫暖的場所5分鐘，用餘熱加
溫。沿著骨頭下刀來去除骨頭，再弄回
原本的形狀。
4 將Pil Pil醬倒入盤子裡，用烤箱把3的
材料溫熱後裝盤，添上炒日本水菜和番
茄，並用水菜裝飾。

焦糖化的蜂蜜蛋白霜
與迷迭香冰淇淋

ZURRIOLA　本多誠一　　　　　　　　　　　　　　彩色版在92頁

材料（備料的量）
蜂蜜蛋白霜
　　蛋白…125g
　　蜂蜜…50g
　　水…適量
　優格和橄欖油醬汁※…適量
　迷迭香冰淇淋※…適量
　砂糖醃漬堅果、奶酥餅※91…各適量
　迷迭香…1枝

※ **優格與橄欖油的醬汁**
（備料的量）
優格（高梨乳業、原味）…125g
細砂糖…30g
EXV.橄欖油（阿爾貝吉納種）…180g

1 在盆子裡把優格配上細砂糖，用手持攪拌機混合。
2 一點一點加入橄欖油讓它乳化。

※91：原文為crumble，是一種下層鋪滿水果，表面有層酥脆麵包屑的甜點。

※ **迷迭香冰淇淋**
（備料的量）
A
┌ 牛奶…270g
│ 35%鮮奶油…30g
│ 水飴…30g
│ 迷迭香…2枝
└ 肉桂…1根
B
┌ 細砂糖…25g
│ 蛋黃…3顆量
└ 穩定劑…1.2g

1 將A的材料放入鍋裡煮沸。蓋上保鮮膜10分鐘讓香味轉移（infuser）。
2 將B的材料倒入盆子裡攪拌到變一片白，加入過濾之後的1的材料再度攪拌。移到鍋子裡，一邊攪拌一邊加溫到85℃。
3 從火上取下，將鍋子放入冰水冷卻。移到容器之後，放入冰箱4～8小時之後將它結凍。供應時放入Paco Jet裡做成冰淇淋。

做法
1 將蜂蜜倒入醬汁鍋裡煮沸。去除餘熱後，一邊加水一邊測量，做成與蛋白同等分量的125g。
2 將1的蜂蜜水與蛋白倒入盆子裡，用高速攪拌機確實打發。
3 用湯匙挖出一球，排放在舖有烹飪紙的烤盤上。
4 放入烤箱模式、溫度100℃、風量1/2的蒸氣烤箱裡加熱40分鐘，接著提高到120℃加熱40分鐘。
5 將優格和橄欖油的醬汁倒入盤子裡，擺上Paco Jet做成的迷迭香冰淇淋。添上4的蛋白霜，撒上砂糖醃漬堅果、奶酥餅，用迷迭香作裝飾。

日本料理

南瓜麴冰淇淋

京料理　木乃婦　高橋拓兒　　　　　　　　　　　彩色版在94頁

材料（備料的量）
南瓜…1顆量
乾燥麴…1.5kg
水…1.5ℓ
（以下1人份）
蕨餅※…2個
黑蜜…適量

※ **蕨餅**
（備料的量）
蕨粉…60g
上白糖…40g
和三盆糖…35g
水…200mℓ

1 在盆子裡將水和蕨粉仔細混合讓它溶化，移到鍋子裡開中火。
2 將1的材料加溫之後加入上白糖，用木頭刮刀混合。由於它會漸漸變硬、變成白濁狀，持續攪拌約5～7分鐘。
3 當2的材料變透明之後從火上取下，加入和三盆糖混合，再度開小火煮過並攪拌。
4 將3的材料倒入模具裡，模具外放置冰塊來將它冷卻。

做法
1 去除掉南瓜籽、纖維和南瓜皮並切成適當的大小，用蒸氣模式、溫度100℃、濕度100%的蒸氣烤箱加熱40分鐘。
2 將水煮沸一次殺菌之後，讓溫度降到70℃。
3 將乾燥麴放入殺菌過的容器裡，倒入2的70℃的水攪拌，讓它降到60℃。
4 在較深的鐵盤裡放入一半3的麴，上面疊上紗布、熱熱的1的材料、紗布、一半的3的材料後，包上保鮮膜。
5 用蒸氣模式、溫度60℃、濕度100%的蒸氣烤箱將4的材料加熱10個小時。
6 將5的材料放入5℃急速冷卻機裡急速冷卻，冷卻之後放入5℃的冰箱裡放置10天。
7 從6的材料中將南瓜取出，放入冰淇淋機之後用濾網過濾。
8 將7的冰淇淋、蕨餅裝入容器裡，把黑蜜淋在蕨餅上。

丸庵紙鍋特製魚翅與加茂茄子

京料理 木乃婦 高橋拓兒　　　　　　　　　　彩色版在96頁

材料（備料的量）
魚翅（泡發的）…50片
A
┌ 水…2ℓ
│ 酒…1ℓ
│ 蔥綠…100g
└ 薑（薄切）…150g
B
┌ 酒…1ℓ
│ 金華湯※…500mℓ
│ 味醂…225mℓ
└ 淡味醬油…150mℓ
太白胡麻油…適量
（以下2人份）
加茂茄子※…2根
菜豆※…12根
薑泥…適量
蔥白※…適量
一味唐辛子※92…適量
鱉高湯※…600mℓ
葛…適量

───────────

※ **金華湯**
（備料的量）96
金華火腿…50g
雞骨…1隻量
酒…500mℓ
昆布…20g

1 將所有的材料在鍋裡混合，用大火煮沸一小段時間撈去白色泡沫，轉為小火煮乾20分鐘後過濾。

※ **鱉高湯**
（備料的量）
鱉…1kg
水…3.3ℓ
酒…360mℓ
昆布…60g
淡味醬油…適量
濃味醬油…適量
味醂…適量

1 將鱉處理好（以腹部為中心切開，去除內臟）。燙成白色之後剝去浮起來的薄皮。
2 在鍋裡把水、酒、昆布與1的材料混合，用大火煮沸一次並撈去白色泡沫，再轉為中火炊煮1個小時。
3 一邊試味道，一邊用淡味醬油、濃味醬油、味醂來調味。

※ **加茂茄子**
（備料的量）
加茂茄子…2根

1 加茂茄子剝皮之後，切除上下段，用加熱到170℃的白絞油※93油炸。
2 插入鐵串之後用炭火烤過，烤到表面出現焦香。厚切。

※ **蔥白**
將蔥白色的部分切絲後泡水。

※ **菜豆**
菜豆煮過之後，浸泡冷水防止褪色。

做法
1 在盆子裡倒入溫水，魚翅泡入溫水的同時，像用摳的一樣，把白色的脂肪部分徹底去除。
2 在較深的鐵盤裡放入所有1和A的材料，包上保鮮膜，用蒸氣模式、溫度100℃、濕度100%的蒸氣烤箱加熱1小時30分鐘後，把魚翅泡水。
3 在較深的鐵盤裡放入2的魚翅和B的材料，用蒸氣模式、溫度100℃、濕度100%的蒸氣烤箱加熱1小時30分鐘。加熱結束後，連鐵盤一起放入急速冷卻機內急速冷卻至5℃。
4 在平底鍋裡倒入一層太白胡麻油，把3的魚翅邊緣兩面都煎到恰到好處。
5 將鱉高湯倒入鍋子裡，用葛來勾芡。
6 將加茂茄子放入紙鍋裡，疊上4的材料並倒入5的湯汁，添上薑泥與切絲的蔥白，撒上一味唐辛子。在客人面前用小鍋點火來供應。

※92：就是純辣椒粉。
※93：白絞油是由菜籽油精製後的油，在日本，近來精製後的大豆油、棉仔油也稱為白絞油。

勾芡牛肉、海膽

京料理 木乃婦 高橋拓兒　　　　　　　　　　彩色版在98頁

材料（4人份）
黑毛和牛腰內肉…240g
幽庵地
┌ 濃味醬油…120mℓ
│ 味醂…120mℓ
│ 酒…40mℓ
└ 柑橘皮和蒂…適量
海膽…80g
芥末粉…適量
細香蔥…1束
芡汁
┌ 蘿蔔泥…1/2根量
│ 美味高湯※…400mℓ
│ 柚子醋…150mℓ
└ 葛…適量

───────────

※ **美味高湯**
（備料的量）
水…1.2ℓ
淡味醬油…80mℓ
味醂…80mℓ

酒…80mℓ
昆布…10g
柴魚片…20g

1 在鍋裡把所有材料混合，用大火煮沸一次去除白色泡沫，轉為中火煮乾煮到剩下8成的量之後過濾。

做法
1 將整塊的牛腰內肉切成1塊120g。
2 在較深的鐵盤裡把幽庵地的材料混合，加入1的材料，將表面浸泡25分鐘，翻面再浸泡25分鐘。
3 將2的牛肉從醃泡汁裡取出，在肉的中心插入3根鐵串。
4 在3的肉的中心插入中心溫度計，用烤箱模式、溫度55℃、濕度0%、中心溫度設定為40℃的蒸氣烤箱加熱，讓表面乾燥（基準為35分鐘）。
5 製作芡汁。將蘿蔔泥與美味高湯、柚子醋倒入鍋裡，煮沸一次之後，用葛來勾芡。

6 細香蔥切碎，用溫水（分量另計）把芥末溶化。
7 將炭生火到900℃（用紅外線溫度計測量），用扇子搧風的同時燒烤4的材料。一邊翻面直到肉的邊緣變得有點焦且酥脆，飄出香酥可口的味道。
8 將7的稜角全部切除，把1塊切成2人份。
9 將8的材料裝進容器，擺上海膽、淋上5的芡汁，撒上細香蔥並添上溶解的芥末。

厚燒雞蛋

料理屋 植村　植村良輔

彩色版在100頁

材料（外徑29×27×高7.7cm，外框
　2cm厚的木頭模具1個的量）
雞蛋（紅蛋殼）…9顆
雞蛋（白蛋殼）…3顆
上白糖…40g
細砂糖…50g
水飴…25g
金線鰱生肉※…200g
金線鰱魚漿※…200g

※金線鰱生肉
（備料的量）
金線鰱…200g（淨重）

1 去除金線鰱的頭與內臟後稍微洗過，將3枚切之後的魚肉放入食材處理機（Robot Coupe）做成魚漿。

※金線鰱魚漿
（備料的量）
金線鰱…200g（淨重）
昆布高湯…200㎖

1 將去除頭和內臟並稍微洗過的金線鰱3枚切，把魚肉和昆布高湯放入食材處理機（Robot Coupe）做成魚漿。

做法

1 雞蛋全部打開，將總重量調整在750g之後，把蛋黃和蛋白分開。
2 將魚肉和魚漿放入食材處理機（Robot Coupe）攪拌，混合好之後，一點一點加入上白糖和蛋黃。偶爾用橡膠刮刀攪拌來弄掉麵糊塊。如果一口氣加入上白糖和蛋黃的話會分離開來，所以要特別留意。
3 將水飴加入2的材料裡進一步攪拌。至此攪拌時間約為15分鐘。
4 製作蛋白霜。一點一點把細砂糖加入蛋白裡的同時，將它打發打到呈尖挺鉤狀的乾性發泡。
5 將3的材料移至盆子裡，一點一點加入

4的材料，同時直接用橡膠刮刀或卡片攪拌。
6 倒入舖有矽利康烤盤紙的木頭模具裡，表面用橡膠刮刀或卡片等器具鋪平。
7 以110℃預熱蒸氣烤箱，用烤箱模式、溫度110℃烤92分鐘。
8 烤完之後，直接放置在蒸氣烤箱內20分鐘。
9 從蒸氣烤箱取出後，連同烤盤紙一起從模具中取出，將廚房紙巾蓋在表面上，放在陰涼的場所去除餘熱。
10 分別切成1人份，壓上烙印之後就完成了。

高湯泡短爪章魚

料理屋 植村　植村良輔

彩色版在102頁

材料（備料的量）
短爪章魚…10隻
搭配高湯
┌ 煮高湯※…1800㎖
│ 酒…180㎖
│ 濃味醬油…180㎖
└ 上白糖…130g
吉利丁粉…搭配高湯100㎖比0.8g
山菜燙青菜※…適量
油菜花…適量

※煮高湯
（備料的量比例）
水…1ℓ
昆布…10g
柴魚片（去除血合肉※94）…40g

1 從前一天開始將昆布放入食譜分量的水裡浸泡。
2 將1的材料放入鍋裡加熱，到達60℃之後撈出昆布，把昆布高湯煮沸一次。
3 將柴魚片放入2的材料中，用小火慢慢燉煮，以稍微沸騰的狀態加熱20分鐘。
4 將3的材料放置40分鐘後過濾。

※山菜燙青菜
（比例）
問荊的孢子囊莖※95…適量
柴魚高湯…15
淡味醬油…1
味醂…1

1 將問荊的孢子囊莖去除葉鞘，加入0.5%（分量另計）的鹽後，用煮高湯的熱水稍微燙到顏色改變。
2 在較深的鐵盤裡把柴魚高湯配上淡味醬油、味醂，趁正熱的時候把1的材料浸泡過之後，冷藏6個小時。

做法

1 去除短爪章魚的黏液並去掉眼睛，分成頭與腳部。
2 將短爪章魚的頭向外翻，去除內臟之後，把章魚卵塞回頭裡，用牙籤以平針縫的要領把頭的嘴巴縫住。
3 將搭配高湯的材料倒入鍋裡，將它煮沸一次。
4 將2的短爪章魚頭浸泡3的材料約2秒來燙成白色。
5 將4的材料排列在鐵盤上，放入蒸氣模式、溫度72℃的蒸氣烤箱40分鐘。從蒸氣烤箱取出後，放置到變回常溫去除餘熱為止。

6 將1的章魚腳也浸泡到3的材料裡，浸泡約5秒後將它燙成白色，再去除餘熱。
7 燙過6的材料的搭配高湯，將它煮沸一次並撈去白色泡沫，關火讓它恢復到常溫，再用冷藏把它冷卻。
8 在冷卻好的7的搭配高湯中，浸泡去除餘熱的5的頭和6的腳，冷藏放置1天。
9 將浸泡一晚短爪章魚的8的100㎖搭配高湯，移至小鍋裡煮沸，關火之後降到70℃，一邊加入篩過的吉利丁粉一邊混合，用廚房紙巾等來將它的過濾。將鍋子放入冰水冷卻後冷藏起來。
10 將1/2個8的頭和2隻腳裝入容器裡，擺上山菜燙青菜、燙過的油菜花，淋上9的湯凍就完成了。

※94：就是魚骨周圍的肉，顏色比較暗，較難保持鮮度。
※95：又稱筆頭菜、杉菜。

燜鮑魚

料理屋 植村　植村良輔

彩色版在104頁

材料（備料的量）
鮑魚…20個（200g）
搭配高湯
- 水…1550ml
- 酒…430ml
- 煮高湯（參閱「高湯泡短爪章魚」）… 720ml
- 淡味醬油…110ml
- 味醂…160ml
- 上白糖…少許
煮海老芋※…1個（1人份）
鮑魚肝醬汁※…55ml（1人份）

※ 煮海老芋
海老芋…適量

海老芋剝皮後燙過，放入蒸氣模式、溫度80℃的蒸氣烤箱裡40分鐘。

※ 鮑魚肝醬汁
（備料的量）
鮑魚高湯…100ml
鮑魚肝…10g
石蓴海苔…泡發後的5g

1 將右記＜做法2＞中，從蒸氣烤箱取出的鮑魚肝，去除水管之後將它清洗乾淨，用攪拌機攪拌後做成糊狀。
2 將右記＜做法2＞中，轉移鮑魚風味的100ml搭配高湯與泡發的石蓴海苔，加入1的攪拌機裡再次攪拌。
3 將2的材料用茶葉濾網過濾。

做法
1 將鮑魚表面的髒污刷除後從殼裡挖出。肝連在鮑魚肉上。

2 在鐵盤裡搭配好搭配高湯的材料，放入帶著肝的1的材料與3～4個鮑魚殼，包上保鮮膜後，用蒸氣模式、溫度100℃的蒸氣烤箱蒸3～4小時。
3 從蒸氣烤箱裡取出後，放在常溫下5～6小時。
4 將3的肝去除之後，製作鮑魚肝醬汁（詳見前述）。
5 在容器裡倒入一層鮑魚肝醬汁，擺上切成適當厚度的鮑魚和海老芋。

鹽燒魛魠魚

魚菜料理 綑屋　吉岡幸宣

彩色版在106頁

材料（2人份）
魛魠魚…200g
鹽…適量
西洋菜…4把
醬料
- 酒糟醋…30ml
- 鹽…少許
- 太白胡麻油…1小匙

做法
1 去除魛魠魚的內臟，去頭之後3枚切。分別切成2～3人份。
2 在皮上斜斜劃下細刀痕。
3 在後述的＜做法10＞中，會直接用炭火對皮加熱，為了讓魚肉不要被加熱

到，在皮的2～3mm上插入4根鐵串。
4 在魚肉上鋪上一層薄鹽。
5 不要讓魛魠魚直接碰到鐵盤或網子，將鐵串掛在鐵盤上，在魚肉較厚的部分插入中心溫度計。
6 用42℃預熱蒸氣烤箱，用烤箱模式、溫度42℃、濕度50%、中心溫度設定在33℃來加熱。
7 中心溫度到達33℃之後，提升到溫度75℃、中心溫度40℃再次加熱。此時，將盤子也放入別層加溫，當成餐盤保溫櫃使用。6與7總共加熱約40分鐘。
8 西洋菜清洗之後，將莖的部分切小段，葉子切大塊。

9 在盆子裡搭配好醬料的材料，配上8的葉子。
10 將7的材料從蒸氣烤箱裡取出後，在皮上鋪上一層薄鹽，帶皮面朝下，用炭火把皮烤到酥脆。
11 將10的魛魠魚裝到容器裡，添上9的葉子，撒上8的莖，滴入少許盆子裡剩下的9的醬料。

甘醋醃章魚與花山葵

魚菜料理 繩屋　吉岡幸宣

彩色版在108頁

材料（備料的量）
章魚（2kg）…1隻
醃漬用高湯
┌ 昆布高湯…2000g
│ 洗雙糖…50g
│ 味醂…100g
│ 濃味醬油…200g
└ 淡味醬油…50g
花山葵的葉子…5束
鹽…適量
甘醋
┌ 米醋…1.8公升※96
│ 昆布高湯…1.8公升
└ 上白糖…600g
花山葵（裝飾用）…適量

※96：原文為1升，日本的1升約等於1.8公升。

做法
1 章魚處理好並用鹽搓揉，去除黏液之後用流水清洗。用沸騰過的熱水燙約15秒左右，馬上放入冰水裡。
2 將1的章魚腳與頭拉直之後排列在網子上。
3 將蒸氣烤箱設定為蒸氣模式、溫度60℃、濕度100%，把中心溫度計插入章魚腳較厚的部分，加熱到中心溫度到達58℃為止。
4 在鍋子裡混合好醃漬用高湯的材料後煮去酒精成分，去除餘熱將鍋子放入冰塊裡。
5 將3的材料從蒸氣烤箱裡取出後，馬上泡進4的高湯裡，放入冰箱一個晚上。
6 在鍋裡混合好甘醋的材料，煮沸一次之後去除餘熱。
7 花山葵切大塊，放入蒸氣模式、溫度100℃、濕度100%的蒸氣烤箱裡蒸30秒。鋪上一層薄鹽放置到去除餘熱為止，去除水分之後，放入6的甘醋裡醃漬12個小時。
8 將5的章魚腳厚切，裝入容器裡。添上7的材料，並裝飾上新鮮的花山葵。

黑文字茶冰淇淋

魚菜料理 繩屋　吉岡幸宣

彩色版在110頁

材料（備料的量）
黑文字茶冰淇淋
　黑文字樹枝…50g
　牛奶…500㎖
　和三盆糖…50g
蘇
　牛奶…500㎖
霰餅
　餅花…適量
　和三盆糖…120g
　水…12g
黑文字的果凍
　水…1ℓ
　黑文字樹枝…50g
　寒天粉…3g

做法
黑文字茶冰淇淋
1 將牛奶倒入鍋子裡，放入清洗過的黑文字樹枝，放進蒸氣模式、溫度80℃、濕度100%的蒸氣烤箱裡加熱30分鐘。切換成烤箱模式、溫度80℃、濕度0%之後，再熬煮30分鐘。
2 從蒸氣烤箱內取出後，趁熱加入和三盆糖讓它溶解。
3 去除餘熱後，移至保存容器裡冷凍起來。
4 將凝固的黑文字茶冰淇淋半解凍之後，放入攪拌機攪拌並再次冷凍。
蘇
1 將牛奶倒入鐵盤，放入烤箱模式、溫度80℃、濕度0%的蒸氣烤箱，熬煮直到變得黏稠、剩下1/3的量為止。
霰餅
1 將餅花的年糕從樹枝上取下，以加熱到160℃的米油炸過。當不再噗滋作響、去除了水分之後撈起來。
2 將廚房紙巾鋪在網子上，擺上1的材料。用160℃預熱蒸氣烤箱，設定為烤箱模式、溫度160℃、濕度0%、風量4（5段設定中的第4段）之後，放入20分鐘。
3 製作糖衣。將和三盆糖與水倒入小鍋裡開小火，一邊攪拌一邊讓和三盆糖溶解。攪拌的同時加熱，煮乾煮到水分完全去除出現透明感為止。
4 將2的材料沾滿3的材料。不要讓年糕變色，偶爾將它從火上取下，同時，用橡膠刮刀把黏在鍋子內側的糖衣刮掉，讓年糕和糖衣纏繞在一起。當變得乾巴巴之後，放到鐵盤上去除餘熱。
黑文字果凍
1 在鍋裡裝好水，加入黑文字樹枝，放入蒸氣模式、溫度100℃、濕度100%的蒸氣烤箱裡30分鐘熬煮。
2 去除餘熱之後，加入寒天開火將它溶解，再讓它冷卻並凝固。
最後階段
1 在使用之前，在常溫下讓黑文字茶冰淇淋半解凍，倒入攪拌機攪拌。
2 將果凍鋪在容器裡，裝入1的冰淇淋之後淋上蘇，並用霰餅當配料。

中國料理

鮮肉包子

神田 雲林　成毛幸雄

彩色版在112頁

※97：溜有停滯、聚積的意思，而溜醬油是日本東海地方的地區醬油，大豆的量較多，小麥比例較少，味道非常鮮美，但芳香氣很淡。由於主要是取缸底部的溜味噌壓榨而成，類似台灣的壺底醬油。這裡的老抽王則是中國的老抽醬油。

材料（備料的量）

肉餡

A

- 豬梅花肉（粗絞）…1kg
- 絞碎的豬脂肪…300g
- 豬背脂粒（切丁切成7mm大小）
  …200g
- 冬菇（泡發／切丁切成7mm大小）
  …6朵量
- 冬筍（切丁切成7mm大小）…2支量
- 洋蔥（切丁切成7mm大小）…1顆量
- 薑（切末）…20g

調味料

- 醬油…180mℓ
- 酒…120mℓ
- 芝麻油…40mℓ
- 中國溜醬油※97（老抽王）…1小匙
- 砂糖…40g
- 胡椒…少許

包子皮

B

- 乾酵母…6g
- 水…25g

C

- 低筋麵粉…400g
- 高筋麵粉…100g
- 砂糖…70g
- 牛乳…200g
- 豬油…20g

發粉…8g

做法

1 製作肉餡。將A的材料倒入盆子裡，加入所有的調味料，用手仔細揉捏後放入冰箱裡。

2 將蒸氣烤箱設定為烤箱模式、溫度50℃，溫熱之後關掉開關。

3 製作麵糰。將B的材料混合之後放置20分鐘。

4 在盆子裡混合好C的材料，加入3的材料仔細揉捏。

5 將4的材料擺到鐵盤上，蓋上保鮮膜之後，放入2的烤箱裡約30分鐘，讓它一次發酵。

6 當5的材料變成1.3～1.4倍大後取出，移到盆子裡加入發粉，揉捏直到麵糰變得光滑。

7 將6的麵糰分割成25g，用擀麵棍擀成圓形，分別擺上20g的1的肉餡。

8 在舖有矽利康紙的烤盤上排放7的材料，再次放入用約50℃加溫後關閉開關的蒸氣烤箱裡約15分鐘，讓它二次發酵。

9 當8的材料變成1.2倍大時，切換成冷卻模式，在打開烤箱門的狀態下讓風在烤箱內流動，讓包子皮的表面乾燥。

10 表面乾燥之後將它暫時取出，把蒸氣烤箱設定為蒸氣模式、溫度100℃之後，再度放入9的材料，蒸約12分鐘。

新派回鍋肉

神田 雲林　成毛幸雄

彩色版在114頁

材料（1盤量）

豬梅花肉…150g

豬肉的事前調味

```
┌ 酒…1小匙
│ 鹽…1/4小匙
│ 蔥、薑…各適量
└ 花椒…5粒
```

蒜油※…2小匙

蔬菜

```
┌ 高麗菜…70g
│ 甜椒（紅、黃）…各20g
│ 綠蘆筍…1根
│ 甜豆…2根
│ 寶塔花菜…20g
└ 生香菇…2朵
```

蔥…15g

回鍋肉醬汁

```
A
┌ 蒜頭（切末）…1/2小匙
│ 豆瓣醬…2小匙
│ 老乾媽豆豉辣油（可用豆豉代
└   替）…1小匙
```

```
B
┌ 酒…1大匙
│ 甜麵醬…2小匙
│ 醬油…1/2小匙
│ 砂糖…少許
└ 雞骨高湯…2小匙
```

麻辣油

```
┌ 鷹爪辣椒…2根
│ 辣粉…1小匙再少一些
│ 花椒粉…1/3小匙
└ 白絞油…2大匙
```

※ **蒜油**
將拍打過的蒜頭放入花生油裡，用中火加熱到變成
金黃色，再將它過濾而製成。

做法

1 用事前調味用的材料搓揉豬梅花肉，放置約1小時來讓它入味。

2 將1的材料放入熱好的炒鍋裡，炒到表面某種程度凝固之後，放進冷水裡去除餘熱，與蒜油一起做成真空包裝。

3 將蒸氣烤箱設定為蒸氣模式、溫度65℃，放入2的材料加熱90分鐘。

4 將3的材料以放在袋子裡的狀態浸泡冰水，一邊冷卻一邊讓油的風味轉移到豬肉上。

5 蔬菜類分別切成一口大小，蔥斜切得較厚一些，將它們放進鐵盤裡。

6 將蒸氣烤箱設定為蒸氣模式、溫度70℃，放入4的豬肉和5的蔬菜後加熱30分鐘。

7 把A的材料放進養鍋養好的炒鍋裡炒過，加入B的材料混合，製作回鍋肉醬汁。

8 用養鍋養好的炒鍋迅速將6的蔬菜乾煎過，將它裝進容器裡。

9 接著把6的豬肉從真空袋裡取出，擦去水分之後，用養鍋養好的炒鍋把表面乾煎過，切薄片之後，擺在8的材料上。

10 將7的醬汁淋在9的材料上，把麻辣油的材料煮沸之後淋上。

火焰山烤羊排 擬作「火焰山」的孜然烤帶骨羊里肌肉

神田 雲林　成毛幸雄

彩色版在116頁

材料（1盤量）

羔羊羊排…1/2塊

羔羊的事前調味
- 鹽…1/2小匙
- 醬油…1/2小匙
- 孜然粉（Cumin）…1小匙
- 蒜頭（磨成泥）…1瓣量
- 紹興酒…2小匙

花生油…適量

蒜頭…4瓣

A
- 花椒…1/3小匙
- 茴香（Fennel）…1/2小匙

B
- 泡辣椒（去籽後斜切）※…1根
- 香葉（月桂葉）…4片
- 蔥（斜切）…20g
- 蒜葉（切成4cm長）…60g
- 茭白筍（剝皮後切成6等分）…80g

C
- 孜然粉（Cumin）…2/3小匙
- 鹽…1小匙再少一點
- 砂糖…1撮
- 泡辣椒汁（醃泡辣椒的汁）…1大匙
- 黑胡椒…少許

朝天椒…8根

河北辣椒※…8根

香菜（切成2cm長）…適量

※ **泡辣椒**
四川料理中不可缺少的辣椒，用鹽水浸泡新鮮的紅辣椒發酵而成。

※ **河北辣椒**
中國河北省出產，以甘甜香氣為特徵的大辣椒。

做法

1 用事前調味的材料仔細搓揉羊排。

2 用熱好的炒鍋慢慢乾煎1的羊排較肥的那一面，去除多餘的油脂並讓它變酥脆。

3 將較肥的一面朝下，把2的材料擺在鐵盤上，在瘦肉部分插入中心溫度感應器，讓它的尖端位於肉的中心。放入烤箱模式、溫度160℃、中心溫度設定為53℃的蒸氣烤箱加熱（約40分鐘）。

5 將4的材料從蒸氣烤箱取出，蓋上鋁箔紙，放在溫暖的場所30分鐘以上放置一陣子。

6 將花生油與切半的蒜頭放入炒鍋油炸，就這樣把蒜頭泡在油裡。

7 將6的油適量倒入炒鍋裡把A的材料炒過，香味出來之後，放入B的材料再次炒過，並用C的材料調味。

8 將5的材料裝進容器裡，上面淋上7的材料。

9 用剩餘的6的油把朝天椒與河北辣椒炒出香味，淋在8的材料上，並擺上香菜裝飾。

紹興酒和香菜風味的豬肉肉凍

唐菜房 大元　國安英二

彩色版在118頁

材料（8cm×29cm×深6cm的陶罐模具）

豬梅花肉…1000g

豬五花肉…500g

中國芫荽…60g

紅蔥頭…2顆

薑（切末）…1大匙

鹽…23g

胡椒…1大匙

整顆雞蛋…1顆

糟鹵…150㎖

紹興酒…200㎖

甜椒粉…2g

豬網油…適量

香菜醬※…適量

甘醋醃蘿蔔…適量

※ **香菜醬**
（備料的量）

香菜…60g

薑泥…20g

蒜泥…20g

紅蔥頭…20g

大豆油…90㎖

鹽…適量

胡椒…適量

米醋…1大匙

柚子胡椒…1小匙

魚露…2大匙

紹興酒…2大匙

1 用攪拌機將所有的材料混合。

做法

1 將豬梅花肉、豬五花肉切粗碎。

2 將中國芫荽、紅蔥頭切末，把1的材料、薑和調味料仔細混合。

3 在陶罐模具裡鋪上豬網油，塞入2的材料。覆蓋上豬網油之後，切除多餘的豬網油。

4 用保鮮膜將陶罐模具包起來，蓋上鋁箔紙。

5 放入組合模式、溫度103℃、水蒸氣量50%、中心溫度設定在76℃的蒸氣烤箱。中心溫度要到達76℃約要加熱1個小時。

6 取出之後取下鋁箔紙，放上裝水的盆子一類的器皿將它重壓，放置約2小時。

7 放進冰箱冷卻，切開之後裝盤。添上香菜醬、甘醋醃蘿蔔。

皮蛋瘦肉粥

唐菜房 大元　國安英二 彩色版在120頁

材料
粥（備料的量）
　泰國茉莉香米…600g
　熱水…4000㎖
　鹽…4g
　大地魚粉（乾燥比目魚的粉末）…1大匙
　花生油…2大匙
　腐竹…適量
（以下為1盤量）
高湯（二湯）…適量
鹽…適量
皮蛋…適量
鹽醃豬肉※…適量
中國芫荽…適量
炸餛飩…適量
榨菜…適量

※ 鹽醃豬肉
（備料的量）
豬腿肉…600g
鹽…40g

1　豬腿肉撒上鹽之後，浸在鹽裡3天。
2　用小火把鹽醃的豬肉煮約2小時。
3　煮好之後切開。

做法
粥
1　將材料混合之後放入烤盤中，放進組合
　　模式、溫度200℃、水蒸氣量100%的
　　蒸氣烤箱20分鐘。
2　取出之後，分成小份冷藏起來。
最後階段
1　將備料的粥搭配上高湯開火煮，加入切
　　碎的皮蛋、切好的鹽醃豬肉，再用鹽來
　　調味。
2　添加佐料之後供應。

北京烤鴨

唐菜房 大元　國安英二 彩色版在122頁

材料
鴨子…1隻
脆皮水※…適量
鴨醬…適量
烤鴨餅…適量
蔥白…適量
小黃瓜…適量

※ 脆皮水
水…250㎖
麥芽水飴…80g
醋…250㎖

做法
1　淋上熱水後拔除鴨子的羽毛，將鴨脖的
　　連接處切開，拉出食道與氣管並切斷，
　　撕去緊貼在脖子肉上的部分。
2　從脖子的切口處往皮下塞入打氣筒的管
　　子，將空氣直送到尾巴，在皮與肉之間
　　均勻地打入空氣。

3　在翅膀連接處的下方，用菜刀從腋下切
　　開並取出內臟。從這個切口吹入空氣讓
　　它膨脹。
4　在脖子的連接處鉤上專用的鉤子垂吊，
　　將它整個用熱水淋過，讓皮變緊縮。
5　趁皮還沒有變涼，均勻地淋上脆皮水。
6　放入烤箱模式、溫度40℃、水蒸氣量
　　0%的蒸氣烤箱裡懸吊20分鐘，讓它乾
　　燥。
7　放入烤箱模式、溫度100℃的蒸氣烤箱
　　1個小時。
8　此時暫時將烤鴨從蒸氣烤箱裡取出，讓
　　它休息一會。藉此，讓皮的水蒸氣散
　　逸，使鴨皮變得酥脆。當有人預約，就
　　先準備到這道程序。
9　在供應前15分鐘前進行最後的手續。
　　放入烤箱模式、溫度180℃的蒸氣烤箱
　　裡10分鐘，接著提升到200℃加熱5分
　　鐘。以剛出爐的時機進行供應。

鱗片

Chi-Fu　東 浩司

彩色版在124頁

材料（1盤量）
馬頭魚…30g
鹽…少許
酒…少許
榨菜湯※…30㎖
醃漬榨菜（煮湯用過的榨菜）…8g
清湯…適量
加鹽搓揉的榨菜※…10g
辣椒絲…適量

※ 榨菜湯
（備料的量）
醃漬榨菜（塊）…100g
上湯※98…300㎖

1 用水把醃漬榨菜的表面洗過。
2 將1的材料和上湯倒入鐵盤裡包上保鮮膜，用蒸氣模式、溫度100℃、濕度100%的蒸氣烤箱燜過之後過濾。

※ 加鹽搓揉的榨菜
（備料的量）
新鮮榨菜…1個
鹽…重量的1%

1 榨菜清洗後切片，用鹽搓揉。放置約10分鐘即可。

做法
1 馬頭魚切頭之後去除內臟並3枚切。將切好的兩面魚肉稍微撒點鹽，放置1天去除水分。
2 切成要供應的份數（P125的照片為2人份，約60g），把酒塗在鱗片上。
3 在炒鍋裡把白絞油熱到160℃，在鍋底放上網子，讓馬頭魚的魚肉不要沉下去。
4 鱗片朝下將魚鱗炸過，把2的材料放入3的油裡。
5 當鱗片立起來變得酥脆之後撈起。
6 將網子鋪在鐵盤上，放上鱗片，擺上5的材料，放入組合模式、溫度80℃、濕度25%、風量3（5段設定中的第3段）的蒸氣烤箱裡，加熱3分鐘。加熱上的感覺，是維持鱗片酥脆狀態的同時，魚肉開始煮熟而中心還是半熟的狀態。

7 試試榨菜湯的味道並加入清湯來調整。醃漬榨菜切成一口大小。
8 6的蒸氣烤箱調理結束後，迅速地分別將它切成1人份。
9 將7的醃漬榨菜、8的馬頭魚裝入容器。倒入7的湯汁，添上加鹽搓揉的榨菜，並用辣椒絲當配料。

※98：是粵菜烹調中常用的一種高湯。

回鍋肉

Chi-Fu　東 浩司

彩色版在126頁

材料（備料的量）
高麗菜脆片（1盤4～5片）
高麗菜…100g
海藻糖…10g
水…100㎖
煮豬肉（1盤10g×2）
豬五花肉…1kg
豆瓣醬…1大匙
酒…2大匙
濃味醬油…5大匙
砂糖…3大匙
清湯…700㎖
蔥、薑…各30g
（以下為1盤量）
豆豉粉※…適量（配合盤子的大小）
抱子甘藍葉…2片
蒜葉泥※…少許
甜麵醬…適量
香菜芽菜…4個

※ 豆豉粉
將豆豉切碎，放入平底鍋用小火乾煎。

※ 蒜葉泥
蒜葉…100g
水…30㎖
鹽…一撮

1 將燙過的蒜葉配上水、鹽，先放入Paco Jet的容器裡冷凍，再放入Paco Jet裡。

做法
高麗菜脆片
1 將清洗過並去除菜心的高麗菜葉、海藻糖、水放入真空包裝機。
2 放進蒸氣模式、溫度90℃的蒸氣烤箱裡5分鐘。取出之後，浸泡冰水去除餘熱。
3 將一片2的高麗菜葉排列在一片烘焙墊上，用烤箱模式、溫度80℃、濕度0%加熱3小時來讓它乾燥。
煮豬肉
1 豬肉先煮約10分鐘。

2 將豆瓣醬、酒、醬油、砂糖、清湯煮沸一次。
3 將1和2的材料、蔥、薑放入鐵盤包上保鮮膜，放入蒸籠（或是蒸氣模式、溫度100℃的蒸氣烤箱）裡3個小時。
4 變軟之後就從蒸籠裡取出，去除餘熱後切成一口大小。
5 放入平底鍋，用小火把4的材料表面煎過。
最後階段
1 用蒸籠把煮豬肉重新溫熱過。
2 將豆豉粉撒在容器上，放上1的煮豬肉，擺上少量的蒜葉泥，接著像要把豬肉包起來一般擺上高麗菜脆片。增添配上甜麵醬和香菜芽菜的抱子甘藍葉。

日本龍蝦與蠶豆春捲

Chi-Fu　東 浩司　　　　　　　　　　　　　　彩色版在 128 頁

材料（1 盤量）
日本龍蝦…1 尾
日本龍蝦蝦殼…適量
上湯薄膜※…1 片
煮爛的蠶豆與芥菜※…15g
食用花瓣（春捲用）…2～3 片
金時胡蘿蔔泥※…1 小匙
櫻花泥※…1 小匙
紅芯蘿蔔…適量
花穗…適量

※ 上湯薄膜
（備料的量）
上湯…100㎖
Elastic 彈性蔬菜黏膠（SOSA公司、凝固劑）…
4g

1 在冷的上湯裡，混入上湯4%量的Elastic彈性蔬菜黏膠，將它煮沸一次。在鐵盤裡倒入薄薄的一層，放進冰箱冷藏10分鐘以上讓它凝固。

※ 煮爛的蠶豆與芥菜
（備料的量）
蠶豆…500g（淨重）
雪菜（類似醃漬芥菜，中國的一種醃漬青菜）…
　30g
上湯…100㎖

1 剝去蠶豆的薄皮。
2 將1的蠶豆、切碎的雪菜及上湯倒入鍋裡，用小火煮到沒有水分為止。

※ 金時胡蘿蔔泥
（備料的量）
金時胡蘿蔔…100g
水…20㎖
鹽…少許

1 將金時胡蘿蔔蒸約1小時後，配上所有材料放入Paco Jet的容器裡，將它冷凍之後，放入Paco Jet裡。

※ 櫻花泥
（備料的量）
紅芯蘿蔔和蘘荷的醃泡汁…100㎖
鹽醃櫻花…50g

1 將用水清洗過的鹽漬櫻花，與醃泡汁一起放入Paco Jet的容器裡混合，將它冷凍之後，放入Paco Jet裡。

做法
1 切除日本龍蝦的腳。
2 將食用花瓣排列在上湯薄膜上，放上煮爛的蠶豆和芥菜，將薄膜捲起來做成棒狀後切開。

3 開大火，用200℃的油把1的材料油炸過。當蝦殼飄出香酥的香味之後就撈起來。蝦肉則是加熱2成的感覺。
4 將3的材料去油之後，放入保溫庫約5分鐘。
5 將4的蝦殼剝掉，把蝦肉放入組合模式、溫度68℃、濕度60%的蒸氣烤箱裡4分鐘。
6 剝掉的殼用噴槍炙烤，讓它飄出香味。
7 將6的殼、5的蝦肉、2的春捲裝入容器裡，配上金時胡蘿蔔泥、櫻花泥、紅芯蘿蔔配菜與花穗。

拉麵

拳拉麵「淡」 加煮雞蛋

拳拉麵　山內裕嬉吾　　　　　　　　　　　彩色版在 130 頁

炙烤培根
材料（備料的量）
豬五花肉…適量
煙燻木屑…適量
溜醬油的醬料…適量

做法
1 用平底鍋把煙燻木屑煎出薰香。
2 將煎過的煙燻木屑移到烤盤上，放入蒸氣烤箱裡。將豬五花肉放置在再上一層的烤盤上，放進烤箱模式、溫度58℃的蒸氣烤箱裡10個小時。
3 從蒸氣烤箱取出後去除餘熱，稍微用水洗過。
4 切成適當的大小，連同醬料一起做成真空包裝後冷藏。

特製拳拉麵「濃」

拳拉麵　山內裕嬉吾　　　　　　　　　　　　彩色版在132頁

昆布包叉燒
材料（備料的量）
豬梅花肉…3kg
乾燥昆布…適量
淡味醬油的醬料…適量

做法
1 昆布用水泡發。
2 用泡發的昆布把豬肉捲起來。
3 放入烤箱模式、溫度58℃的蒸氣烤箱裡10個小時。
4 從蒸氣烤箱取出後去除餘熱，稍微用水洗過。
5 連同淡味醬油的醬料一起做成真空包裝後冷藏。

雞肉叉燒
材料（備料的量）
雞胸肉…7塊
雞肉用混合香草植物…適量
淡味醬油的醬料…適量

做法
1 去除雞胸肉的皮，由上撒下雞肉用混合香草植物。
2 放入烤箱模式、溫度58℃的蒸氣烤箱裡4小時。
3 取出後就這樣去除餘熱，連同淡味醬油的醬料一起做成真空包裝後冷藏。

鹽味心跳拉麵

拉麵 style JUNK STORY　井川真宏　　　　　　彩色版在134頁

半熟叉燒
材料（備料的量）
豬梅花肉…1塊900g×12塊
鹽…適量
蒜泥…適量
胡椒…適量
醬油醬料…適量

做法
1 去除梅花肉的筋，用線綁住做出形狀。
2 將鹽配上胡椒、蒜泥，將它塗滿肉的表面後放置12小時以上，一次2塊肉，連同醬油醬料一起做成真空包裝。
3 放入蒸氣模式、溫度64℃的蒸氣烤箱裡4個小時。
4 從蒸氣烤箱內取出後，放入冰水3～4個小時，連中心也確實冷卻。

煮雞蛋
材料（備料的量）
雞蛋…1張烤盤上放28顆
醬油醬料…適量

做法
1 將用4℃冷藏的雞蛋，放入開孔的烤盤裡。
2 將雞蛋放入用蒸氣模式、溫度130℃的餘熱來加溫的蒸氣烤箱裡，改成蒸氣模式、溫度110℃後，加熱6分50秒。加熱停止後，放在餘熱中1分10秒。餘熱的時間會因加熱的雞蛋數量而有所調整。1張烤盤最多可放入40顆雞蛋。
3 餘熱散盡後，馬上放入冰水裡確實冷卻。
4 用湯匙的正面拍打雞蛋較圓的部分，讓蛋殼龜裂之後把它剝開。
5 將湯匙的尖端插入剝去蛋殼的部分，旋轉雞蛋和湯匙把殼剝掉。藉由使用湯匙，剝殼時就不容易傷到燙過的雞蛋表面，減少打破半熟蛋的損失。
6 每次25個，連同醬油醬料一起做成真空包裝後冷藏。

油封雞胗
材料（備料的量）
雞胗…適量
雞油…適量
鹽…適量
粗磨的黑胡椒…適量
蔥綠…適量

做法
1 雞胗上抹滿鹽和黑胡椒。
2 將雞油煮過讓它融化。
3 將雞油配上1的雞胗並擺上蔥綠，放入組合模式、溫度90℃、水蒸氣量50%的蒸氣烤箱裡2小時10分鐘。
4 之後的30分鐘，改成30℃的溫度來加熱。
5 用濾網過濾之後，把油封雞胗和雞油分開做成真空包裝並用冰水冷卻。雞油當成香味油使用。

TITLE

蒸氣烤箱魅力料理 技術教本

STAFF

出版	瑞昇文化事業股份有限公司
作者	旭屋出版編輯部
譯者	張俊翰
總編輯	郭湘齡
責任編輯	徐承義
文字編輯	黃美玉　蔣詩綺
美術編輯	孫慧琪
排版	執筆者設計工作室
製版	昇昇興業股份有限公司
印刷	桂林彩色印刷股份有限公司
法律顧問	經兆國際法律事務所　黃沛聲律師
戶名	瑞昇文化事業股份有限公司
劃撥帳號	19598343
地址	新北市中和區景平路464巷2弄1-4號
電話	(02)2945-3191
傳真	(02)2945-3190
網址	www.rising-books.com.tw
Mail	deepblue@rising-books.com.tw
初版日期	2018年1月
定價	600元

國家圖書館出版品預行編目資料

蒸氣烤箱魅力料理 技術教本 / 旭屋出版
編輯部作 ; 張俊翰譯. -- 初版. -- 新北市 :
瑞昇文化, 2017.12
184面 ; 21x29公分
ISBN 978-986-401-212-1(平裝)

1.食譜

427.1　　　　　　　　106022411